Dirk Elling Volker Pink

Tumormarker und Immunszintigraphie in der gynäkologischen Onkologie

Grundlagen – Bestimmungsmethoden – Indikationen

Unter Mitarbeit von
M. Albrecht, U. Bartel, R. P. Baum, B. Johannsen,
J. P. Pfuhl und M. Stegmüller

Mit 63 Abbildungen und 40 Tabellen

Springer-Verlag
Berlin Heidelberg New York
London Paris Tokyo
Hong Kong Barcelona
Budapest

MR Doz. Dr. sc. med. DIRK ELLING
Frauenklinik, Oskar-Ziethen-Krankenhaus,
Fanningerstr. 32, O-1130 Berlin,
Bundesrepublik Deutschland

Professor Dr. sc. med. VOLKER PINK
Gemeinschaftspraxis für Radiologie
und Nuklearmedizin,
Wallotstr. 4, W-4300 Essen,
Bundesrepublik Deutschland

ISBN-13:978-3-642-76883-5 e-ISBN-13:978-3-642-76882-8
DOI: 10.1007/978-3-642-76882-8

Die Deutsche Bibliothek – CIP-Einheitsaufnahme
Elling, Dirk: Tumormarker und Immunoszintigraphie in der gynäkologischen Onkologie : Grundlagen, Bestimmungsmethoden, Indikationen / D. Elling ; V. Pink. Unter Mitarb. von M. Albrecht ... – Berlin ; Heidelberg ; New York ; London ; Paris ; Tokyo ; Hong Kong ; Barcelona ; Budapest : Springer, 1992

NE: Pink, Volker:

Softcover reprint of the hardcover 1st edition 1992

Satz: Storch GmbH, Wiesentheid
21/3130-5 4 3 2 1 0

Inhaltsverzeichnis

Mitarbeiterverzeichnis

Prof. Dr. med. M. Albrecht
Geschäftsführender Oberarzt, Universitätsfrauenklinik
Theodor-Stern-Kai 8, W-6000 Frankfurt
Bundesrepublik Deutschland

Dr. med. U. Bartel
Oberarzt, Universitätsfrauenklinik
der Freien Universität Berlin, Pulsstraße 4–14
W-1000 Berlin 19, Bundesrepublik Deutschland

Priv.-Doz. Dr. R. P. Baum
Klinik für Nuklearmedizin der Universität Frankfurt
Theodor-Stern-Kai 8, W-6000 Frankfurt
Bundesrepublik Deutschland

Doz. Dr. sc. nat. B. Johannsen
Forschungszentrum Rossendorf e.V., Postfach 19,
O-8051 Dresden, Bundesrepublik Deutschland

Dr. med. J. P. Pfuhl
Universitätsfrauenklinik, Theodor-Stern-Kai 8
W-6000 Frankfurt, Bundesrepublik Deutschland

Dr. med. M. Stegmüller
Universitätsfrauenklinik, Theodor-Stern-Kai 8
W-6000 Frankfurt, Bundesrepublik Deutschland

1 Einführung

Die Situation der Diagnostik in der gynäkologischen Onkologie, einschließlich die des Mammakarzinoms, spiegelt anschaulich die allgemeinen Probleme in der Krebsbekämpfung wider.

Während allerorts die Heilungsergebnisse besonders für aggressive bzw. einer Frühdiagnostik kaum zugängliche Malignome stagnieren, ist es gelungen, durch gezielte Maßnahmen der Krebsfrüherkennung bei anderen Lokalisationen – so etwa beim Zervixkarzinom – gute Therapieerfolge zu erzielen. Dabei ist eine Verbesserung der Heilungsergebnisse trotz Einführung besonders radikaler Operationsmethoden oder Zusatzverfahren nur über den indirekten Weg der Krebsfrüherkennung möglich geworden. Nach Ermittlung des National Cancer Institute stieg die 5-Jahres-Heilung aller Organkrebse allerdings nur um 2%. Trotz der Einführung neuer und wirksamer Chemotherapeutika sind damit nur etwa 10% der Malignome kurativ beeinflußbar. Nach ähnlichen Konzepten wie bei der Krebsfrüherkennung wird in der Tumornachsorge verfahren, indem gezielt Methoden eingesetzt werden, die mit hoher Sicherheit rezidivierendes Wachstum anzuzeigen vermögen. Einzeluntersuchungen sind dabei meist von untergeordneter Bedeutung. Trotz verfeinerter radiologischer und nuklearmedizinischer Diagnostik oder anderer bildgebender Verfahren wird der Arzt in der Nachsorge nicht selten von einer Metastasierung oder einem Rezidiv überrascht, für die oft keine weiteren therapeutischen Möglichkeiten mehr verfügbar sind.

Klinisch-chemische Untersuchungen haben in den letzten Jahren die Möglichkeit einer frühzeitigeren Diagnose rezidivierenden malignen Wachstums größer werden lassen. Ein wesentlicher Ansatzpunkt liegt dabei in einer lückenlosen Therapieüberwachung im Nachsorgeprogramm. Nicht selten scheitern diese allerdings am diagnostischen Nihilismus. Dabei ist es bei einigen Organmalignomen möglich, bereits Monate vor der klinischen Manifestation Hinweise auf ein nicht beherrschtes Geschwulstleiden zu erhalten. Es ist wichtig, aus der Gruppe der subjektiv Gesunden diejenigen frühzeitig zu erfassen, die sich in einer klinischen Latenzphase des primär behandelten Karzinoms befinden. Diesem Ziel dient die Anwendung im jeweiligen Nachsorgeprogramm.

Die Nachweisgrenze klinischer, aber besonders radiologischer Untersuchungsmethoden konnte zwar gesenkt werden, jedoch bleibt gegenwärtig eine Grenze von $10^6 – 10^9$ Zellen der kritische Wert, so daß sich die Frage nach einer weiteren Vorverlagerung der Diagnostik stellt (Gericke u. Drankowsky 1979).

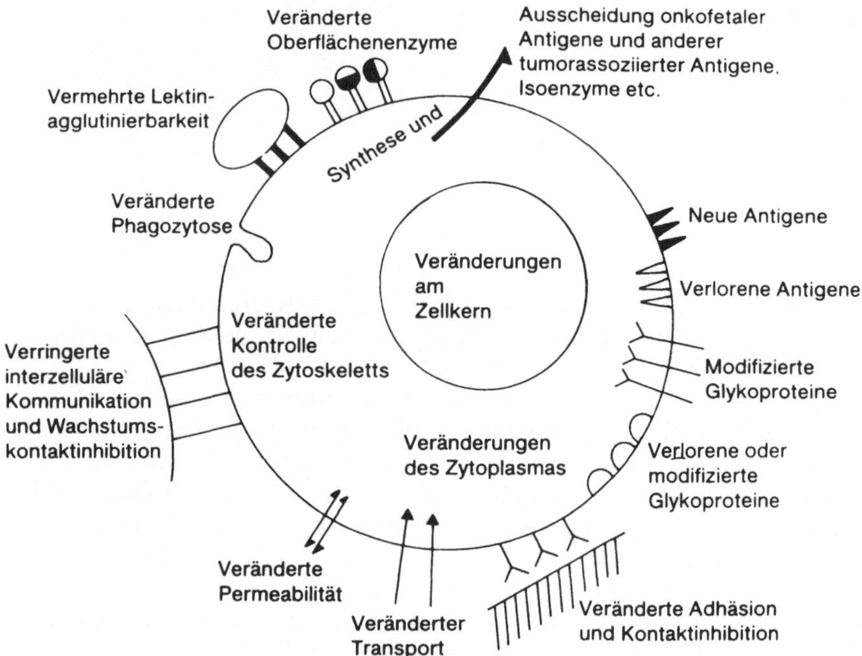

Abb. 1.1. Phänotypische Merkmale von malignen Zellen. (Aus Gericke u. Drankowsky 1987)

Die Tumorzelle zeichnet sich im Vergleich zur ausdifferenzierten gesunden Zelle durch eine Vielfalt stoffwechselbedingter Besonderheiten aus, die sich insbesondere auch auf Strukturen der Zellmembran ausdehnt (Abb. 1.1). Das kommt u.a. in einem differenzierten Kohlenhydratgehalt der Glykoproteine und Glykolipide zum Ausdruck, aber auch die Proteinsynthese in der Zelle selbst weist durch Demaskierung fetaler Genstrukturen sowohl quantitative als auch qualitative Unterschiede zur Normalzelle auf (Donaldson et al. 1980; v. Dalen et al. 1984; Koch u. Uhlenbruck 1983).

Unter anderem können diese morphologischen und funktionellen Unterschiede der Zelloberflächenstrukturen als Hilfsmittel in der Karzinomdiagnostik genutzt werden. Zum einen werden manche Substanzen, zumeist Glykoproteine, direkt von der Tumorzelle (CEA, Alpha-Fetoprotein, Isoferritin, Glykosyltransferasen, β-Kasein etc.) oder von Änderungen, die sich aus der Tumor-Wirt-Relation ergeben, hergeleitet (Veränderungen im Abwehrsystem des Tumorträgers) und können so nachgewiesen werden. Trotz der nicht immer tumorspezifischen Methoden haben diese Parameter Eingang in die Tumordiagnostik gefunden (Halter et al. 1984; Hünermann 1982). Eine konkrete Definition eines Tumormarkers ist nur insofern möglich, als es sich dabei um relevante diagnostizierbare Veränderungen der unterschiedlichsten biochemischen und immunologischen Parameter in den verschiedenen Körperflüssigkeiten handelt, wobei ein eindeutiger Zusam-

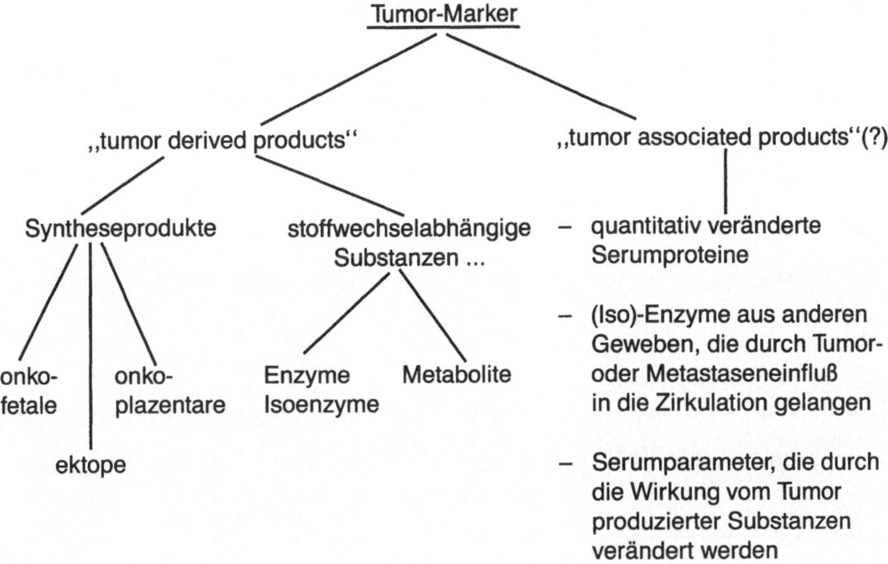

Abb. 1.2. Substanzen mit Tumormarkereigenschaften (Übersicht)

menhang mit malignem Wachstum bestehen sollte. Wünschenswert wäre selbstverständlich, daß die entsprechenden Parameter bereits in der Grenzzone zwischen Initial-, Promotions- und Latenzphase quantitative bzw. qualitative Veränderungen aufweisen würden, so daß bereits Präkanzerosen frühzeitig entdeckt bzw. differenziert werden könnten. Die Transformation einer Normalzelle führt ebensowenig zu generellen charakteristischen Veränderungen ihrer Struktur und ihres Verhaltens wie bösartige Tumoren typische und definierbare Reaktionen im Organismus bewirken. Alle in Testsystemen nachweisbaren Substanzen, die durch ihr vermehrtes Vorkommen die Existenz von Tumorzellen „verraten", werden Tumormarker genannt. Dabei handelt es sich um Substanzen, die von der Tumorzelle selbst produziert werden, deren Produktion durch das maligne Wachstum stimuliert wird oder um Substanzen, die im Zuge fortschreitenden Tumorwachstums im Wirtsorganismus vermehrt auftreten (Kleist 1984). Abbildung 1.2 gibt einen Überblick über die verschiedenen in der Diagnostik nutzbaren Substanzen mit Tumormarkereigenschaften.

Für einen idealen Tumormarker werden folgende Kriterien postuliert:

- Der Marker sollte tumorspezifisch sein und eine hohe Sensitivität besitzen, um eine Krebsfrühdiagnostik, Screeninguntersuchung, Überwachung von Risikogruppen und eine Lokalisation des Tumors zu ermöglichen.
- Die Höhe bzw. die Titerbewegung der Markersubstanz sollte Rückschlüsse auf die Prognose der Erkrankung gestatten.
- Der Marker sollte direkt mit der Tumormasse korrelieren und damit für die Metastasen- bzw. Rezidivsuche nutzbar sein.

Tabelle 1.1. Entwicklung des Tumormarkernachweises

Jahr	Autor	Konzept	Beobachtung
1846	Bence-Jones	Spezifische Proteine	Urin bei Plasmozytom
1928	Brown	Ektope Hormone	Ektope Hormonproduktion bei Tumoren
1930	Zondek	Ektope Hormone	Humanes Choriongonadotropin
1932	Cushing	Ektope Hormone	Adrenokortikotropes Hormon
1933	Gudman et al.	Isoenzyme	Saure Phosphatase bei Prostatakarzinom
1959	Markert	Isoenzyme	Isoenzyme bei Gewebsdifferenzierung
1963	Abelev	Onkofetale Proteine	Alpha-Fetoprotein beim Leberzellkarzinom
1965	Gold u. Freedman	Onkofetale Proteine	CEA bei Kolonkarzinom
1969	Hueber u. Todaro	Onkogene	Onkogene als transformierende Faktoren
1975	Köhler u. Milstein	Monoklonale Antikörper	Produktion von monoklonalen Antikörpern mit definierter Spezifität

Die zunehmenden Bemühungen der letzten Jahre, Substanzen zu finden, die Eigenschaften als Tumormarker mit einer hohen Sensitivität und Spezifität besitzen, erhielten mit der Entdeckung der Hybridomtechnik durch Köhler u. Milstein (1975) einen starken Auftrieb. Mit der Herstellung von monoklonalen Antikörpern gegen eine Vielzahl von tumorassoziierten Antigenen konnten diese sowohl im Gewebe als auch im Serum zirkulierend nachgewiesen werden und somit Eingang in die onkologische Praxis finden. Während in früheren Jahren in der gynäkologischen Onkologie das karzinoembryonale Antigen (CEA) als zwar begrenzt nutzbarer, aber relativ zuverlässiger Tumormarker galt, waren die Untersuchungen auf zusätzliche Markersubstanzen darauf ausgerichtet, die insgesamt niedrige Sensitivität für alle weiblichen Genitalmalignome und das Mammakarzinom deutlich zu erhöhen. Allerdings mußte mit steigender Zahl der parallel untersuchten Tumormarker auch ein Verlust an Spezifität in Kauf genommen werden, den man durch die Anwendung verschiedener mathematischer Modelle zu kompensieren versuchte (Ziegenbein 1982). Das Bemühen, Laborparameter zur Erkennung malignen Wachstums einzusetzen, ist kein Ergebnis der letzten Jahre, sondern reicht zurück in das vergangene Jahrhundert. So stellte bereits Bence-Jones vor fast 150 Jahren im Urin von Patienten mit einem Plasmozytem Präzipitate fest, die sich später als Leichtzellen von Immunglobulinen herausstellten. Brown, Zondek und Cushing haben in den Jahren 1928–1932 erkannt, daß ektope Hormone bei bestimmten Malignomen erhöhte Werte aufweisen. Hier zeigte sich bereits, daß solche Marker tumorbezogen nachweisbar sind. In den folgenden Jahren wurden verschiedene Enzyme und Isoenzyme bei unterschiedlichen Organmanifestationen untersucht (Fuji et al. 1985 zitiert nach Schlegel et al. 1981; Russel 1977). In den 60er Jahren gelang der Nachweis von onkofetalen Antigenen, speziell des Alpha-Fetoproteins beim Leberzellkarzinom und des CEA bei kolorektalen Karzinomen. Erst durch die Entwicklung der Technologie zur Herstellung monoklonaler Antikörper gegen Tumorantigene schien sich 1975 ein Durchbruch in der Tumordiagnostik anzubahnen (Übersicht s. Tabelle 1.1).

Literatur

Dalen A van, Favier J, Gastham WN (1984) Erste Erfahrungen mit TPA als Tumormarker bei Ovarialkarzinom. Tumordiagn Ther 5:20–23

Donaldson ES, Nagell JR von, Porsell S, Gay EC (1980) Multiple biochemical markers in patients with gynaecologic malignancies. Cancer 45:948–953

Fuji SJ, Konishi Suzuki J, Okamura H (1985) Analysis of serum lactic dehydrogenase level and its isoenzymes in ovarian dysgerinioma. Gynecol Oncol 22:65–72

Gericke G, Drankowsky D (1979) Die Bedeutung von Tumormarkern für die klinische Onkologie. Med Klin 74:701–709

Halter SA, Faber LD, Pormenter M, Dupont WD (1984) Carcinoembryonic antigen expression and patient survival in carcinoma of the breast. Oncology 41:297–302

Hünermann D (1982) Vergleichende Untersuchungen von 5 Tumormarkern in der ambulanten Tumornachsorge bei Mamma- und Prostatakarzinom. NUC-Compact B:197–203

Kleist SV (1984a) Möglichkeiten und Grenzen des Gebrauchs von Tumormarkern. Lab Med 17:404–406

Kleist SV (1984b) News and views in tumor markers. Nuklearmedizin 23:1–3

Koch OM, Uhlenbruck G (1983) Plasmaproteine und Akute-Phase-Reaktion als Tumormarker bei Malignompatienten. Laboratoriumsblätter 30:29–35

Köhler G, Milstein C (1975) Continuous cultures if fused cells secreting antibody of predefined specificity. Nature 256:495

Russel DH (1977) Increased polyamine concentrations in the urine of human cancer patients. Nature 233:144–152

Schlegel G, Liethgans M, Eklund G, Björklund B (1981) Correlation between activity in breast cancer and CEA, TPA and eighteen common laboratory procedures and the importance by the combination use of CEA and TPA. Tumordiagnostik 2:6–11

Ziegenbein R (1982) Tumormarker. Neue Aspekte für die Labordiagnostik. Akademieverlag, Berlin

2 Allgemeine Überlegungen zur Tumormarkerbestimmung

Wesentliche Indikation für die Bestimmung von Tumormarkern ist die Therapieüberwachung nach (Operation) oder während (Chemotherapie) der Behandlung bösartiger Geschwülste. Dadurch erscheint es möglich, zum einen die Effizienz therapeutischer Maßnahmen ohne das Risiko invasiver Maßnahmen (Staginglaparotomien, Second-look-Laparotomien) zu bewerten, zum anderen in der Nachsorge aus den subjektiv Gesunden die wirklich Gesunden von höchstwahrscheinlich Kranken zu differenzieren. Bei allem Optimismus ist das in der Gynäkologie nur für einige Organmanifestationen, so für das Chorionepitheliom und einige Ovarialkarzinome, mit hinreichender Sicherheit möglich. Ziel ist es weiterhin, einen Beitrag zur Entdeckung okkulter Rezidive oder Metastasen zu leisten, die mit anderen Verfahren (noch) nicht nachweisbar sind. Insofern sind Tumormarkerbestimmungen additive Verfahren, die die Diskrepanz zwischen Subjektivität und Objektivität verringern helfen können. Das anfängliche Konzept, Tumormarkerbestimmungen im Screening einzusetzen, hat sich aus Kostengründen und aufgrund der mangelnden Spezifität nicht realisieren lassen. Gleichzeitig lassen sich aus der Markerdefinition heraus keine Rückschlüsse auf Lokalisation, Dignität des Tumors, voraussagbare Tumormasse und prognostische Valenz ziehen (Kleist b1984; Sarjadi et al. 1980; Wagner et al. 1979).

Es ist erforderlich, daß der Tumormarker quantitative, möglichst auch qualitative Unterschiede zwischen Karzinomträger und Kontrollperson anzeigt. Deshalb ist es nötig, physiologische Schwankungsbereiche bei Normalpersonen abzugrenzen. Der Marker muß einen hohen Grad an Spezifität aufweisen, d.h. falsch positive Ergebnisse sollten möglichst selten sein. Das gilt auch in der Abgrenzung zu benignen Tumoren gleicher Organlokalisation (etwa bei Ovarialtumoren). Ebenso muß ein Tumormarker eine hohe Sensitivität besitzen, d.h. der Anteil falsch negativer Resultate sollte gering sein. Das bedeutet eine hohe Entdeckungsquote. Die Bestimmungsmethode muß standardisiert, der entsprechende Laborparameter gut handhabbar sein.

Die Forderung nach einem universellen Tumormarker ist aufgrund der Stoffwechselbesonderheiten der verschiedenen Tumoren und des Verlusts von Sensitivität und Spezifität nicht aufrechtzuhalten. Die Überlegungen gehen dahin, für jede Tumorart, für jede Tumorlokalisation einen spezifischen Tumormarker zu entwickeln. Als wesentliche Forderung kann auch gelten, daß sich aus der Tumormarkerbestimmung eine Verbesserung der Tumortherapie ergeben sollte. In der folgenden Übersicht sind die wesentlichen Anforderungen an einen Tumormarker aufgeführt:

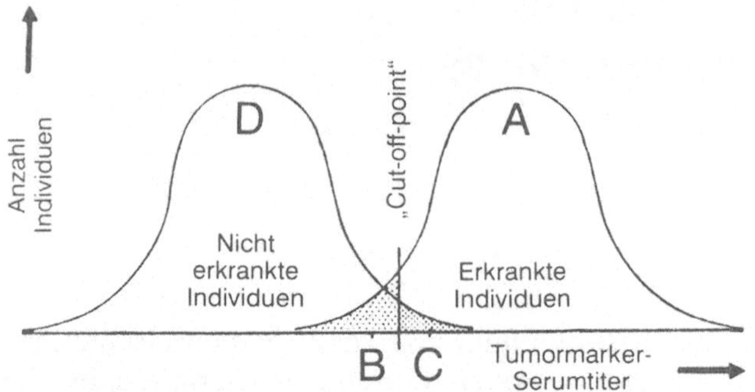

Abb. 2.1. Sensitivität und Spezifität von Tumormarkern in Abhängigkeit von der Wahl des Cut-off-Werts. (Nach Makach u. Muenz 1987)

- Hohe Tumorsensitivität;
- hohe Tumorspezifität;
- Tumornachweisgrenze unter 10^6 Zellen;
- soll Effizienz der Therapie anzeigen, Aussagekraft soll nicht von Chemotherapie und Strahlentherapie beeinträchtigt werden;
- standardisierte Bestimmungsmethode;
- Beitrag zur Verbesserung des Überlebens des Patienten.

Zwischen Tumorsensitivität und -spezifität besteht eine inverse Beziehung. Die Erhöhung der Sensitivität wird nur durch eine Senkung der Spezifität erreicht. Insofern ist die Definition des „Cut-off-point", der die Beziehung zwischen positivem und negativem Ergebnis definiert, wichtig. Wird ein Cut-off-Wert in Richtung niedriger Serumwerte definiert, erreicht man damit zwar eine hohe Sensitivität. Gleichzeitig erhöht sich aber der Anteil falsch positiver Resultate, und die Tumorspezifität sinkt. Umgekehrt sinkt die Tumorsensitivität, wenn der Cut-off-Wert in höhere Regionen verlegt wird (s. Abb. 2.1).

Die Tumormarkersensitivität läßt sich durch Markerkombinationen erhöhen. Die Tumorsensitivität errechnet sich nach der Formel

$$S = \frac{\text{richtig-positiv}}{\text{richtig-positiv} + \text{falsch-negativ}}$$

und die Spezifität nach

$$Sp = \frac{\text{richtig-negativ}}{\text{falsch-positiv} + \text{richtig-negativ}}$$

Um die diagnostische Relevanz der Tumormarker besser zu werten, sind mathematisch-statische Aufarbeitungen der einzelnen Verläufe nötig. So ergeben sich aus dem Anstieg bzw. dem Abfall der Titer pro Zeiteinheit prognostische Konsequenzen. Allerdings sind Aussagen hierzu nur dann möglich, wenn Tumormarkerverläufe vorliegen. Dazu sind 4–5 Bestimmungen über eine entsprechende Beobachtungszeit erforderlich, wobei die Bestimmungsintervalle nicht unter 4 Wochen liegen sollten. Wichtig ist, daß für die einzelnen Marker Trennwerte und Gewichtsvektoren berechnet werden (Diskriminanzanalyse), um so einen günstigen oder ungünstigen Voraussagewert zu ermitteln. Ähnliche Aussagen lassen sich auch mit Hilfe des Abfallquotienten nach Primärtherapie treffen, d.h. je schneller der Markerwert pro Zeiteinheit sinkt, um so effektiver war die Therapie, um so günstiger erscheint die Prognose. Günstig erscheint auch, den histochemischen Nachweis zu führen, ob ein Marker vom Zellverband produziert und exprimiert wird. Allerdings kann sich bei Metastasierung oder auch rezidivierendem Wachstum aus einem Nonsekretortyp ein Sekretortyp entwickeln, so daß ein primär negativer Markernachweis den Diagnostiker nicht in jedem Fall berechtigt, auf Markeruntersuchungen in der Nachsorge zu verzichten (Lahousen 1986).

Literatur

Kleist SV (1984a) Möglichkeiten und Grenzen des Gebrauchs von Tumormarkern. Lab Med 17:404–406

Kleist SV (1984b) News and views in tumor markers. Nuklearmedizin 23:1–3

Lahousen M (1986) Der prädiktive Wert einer Tumormarkerkombination für das Monitoring beim Ovarialkarzinom. Wien Klin Wochenschr 98:319

Makach R, Muenz LR (1987) Tumorsensitivität u. Tumorspezifität. Semin Oncol 14:89–101

Sarjadi S, Dannter B, Mackay G (1980) A multiparametric approach to tumor markers detectable in serum in patients with carcinoma of the ovary or uterine cervix. Gynecol Oncol 10:113–124

Wagner C, Sauer H (1979) Diagnostische Bedeutung von Tumormarkern in der klinischen Chemie. Klin Chem 11:15–17

3 In der gynäkologischen Onkologie gebräuchliche Tumormarker

Im folgenden sollen einige der in der gynäkologischen Onkologie gebräuchlichen Tumormarker besprochen werden. Dabei würde es allerdings den Rahmen dieser Arbeit sprengen, für jede Substanz Angaben zu Biochemie, Bildungsgrad und Bestimmungsmethoden zu machen. Es soll vielmehr auf klinisch relevante Aspekte der einzelnen Marker in ihrer Gruppenzugehörigkeit eingegangen werden. Die gebräuchlichen Tumormarker werden in folgende Klassen eingeteilt:

- Tumorassoziierte Proteine,
- schwangerschaftsassoziierte Proteine,
- Serumproteine,
- Enzyme,
- ektope Hormone,
- Metabolite.

3.1 Tumorassoziierte Proteine

3.1.1 Onkofetale Proteine

Zahlreiche Vertreter dieser phasenspezifischen Proteine sind heute bekannt. Für den Einsatz in der Tumordiagnostik haben bisher nur das karzinoembryonale Antigen sowie das Alpha-Fetoprotein wesentliche Bedeutung erlangt (Tabelle 3.1). Dem stehen in erster Linie analytische Probleme entgegen (Tabelle 4).

Alpha Fetoprotein (AFP)

Dieser Marker wird in der gynäkologischen Tumordiagnostik bei Vorliegen eines Dottersacktumors und beim soliden Teratom des Ovars erhöht gefunden. Für alle weiteren Malignome in der Gynäkologie spielt das AFP keine Rolle. Allerdings können ansteigende Werte auf eine Metastasierung in die Leber hinweisen. Pathologische Werte über 10 µg/l treten auch bei Hepatitis und Leberzirrhose auf. Dies ist bei der Befundinterpretation zu berücksichtigen. In den Malignomzellen gebildetes AFP, wahrscheinlich durch Expression fetaler Gene, wird ins Blut sezerniert. Es besteht keine direkte Beziehung zwischen Höhe des AFP-Spiegels und Tumorstadium, allerdings steigt

Tabelle 3.1. Tumorantigene als Tumormarker. (Nach Melchert u. Kreienberg 1980)

Substanz	Markerfunktion bei:	Ektope Produktion oder unspezifische Reaktion
Onkofetale Antigene – karzinoembryonales Antigen (CEA)	Tumoren von Kolon, Rektum, Pankreas, Magen, Gallenblase, Lunge, Mamma, Ovar, Hoden, Prostata, Cervix uteri, Blase, Niere, Medulla, Schilddrüse etc.	Entzündungen von Blase, Leber, Lunge, Magenulkus, Nikotinabusus
– α-Fetoprotein (AFP)	Primäres Leberzellkarzinom, maligne Hodentumoren, Dottersacktumoren	Leberveränderungen bei metastatischem Befall oder Entzündungen
β-Onkofetales Antigen DNA-bindendes Protein	Kolonkarzinom, Endometriumkarzinom	Fetales Gewebe
Fetales Sulphoglykoprotein	Verschiedene Karzinome	Fetus
Isoferritin	Hämoblastosen, HNO, Leber, Kolon, Mamma, Lunge	Fetus, rheumatoide Arthritis, Zirrhose, Mykokardinfarkt
Leukämieantigen	Leukämien	Fetales hämopoetisches Gewebe
Lymphomantigen	M. Hodgkin	Fetales hämopoetisches Gewebe
Epstein-Barr-Virus-Antigen	Burkitt-Lymphom, Nasopharynxkarzinom	

die Höhe der AFP-Konzentration im Serum proportional zur Tumormasse, was aber wohl in erster Linie durch den Grad der Entdifferenzierung bedingt sein dürfte.

Karzinoembryonales Antigen

(Schlegel et al. 1981; Krieger 1984; Kleist b 1984)

Die molekulare Heterogenität, die im wesentlichen durch die Kohlenhydratkomponente des Moleküls bestimmt ist, führt dazu, daß von verschiedenen Isoantigenen gesprochen wird. So ist bekannt, daß es aufgrund der verschiedenen antigenen Determinanten zu einer Gewebs- und damit Tumorspezifität kommen kann. So gibt es eine spezifische Determinante etwa für Bronchial- und Mammakarzinome (Krieger 1984). Eine solche Spezifizierung ließ sich im RIA jedoch bisher nicht methodisch nutzen.

Desweiteren ist eine kritische CEA-Gewebekonzentration erforderlich, bevor es im Plasma nachweisbar wird. Gleichzeitig führt eine hohe Gewebsnekrose zu einem deutlich höheren Titer. Tumoren mit geringer Differenzierung weisen eine niedrigere CEA-Gewebekonzentration auf, diese ist wiederum abhängig von der Vaskularisierung der Gewebe und der Abbau- und Eliminierungsrate. Gehäuft treten pathologische CEA-Werte auch bei gutartigen Lebererkrankungen, starken Rauchern und Dickdarmpolypen auf

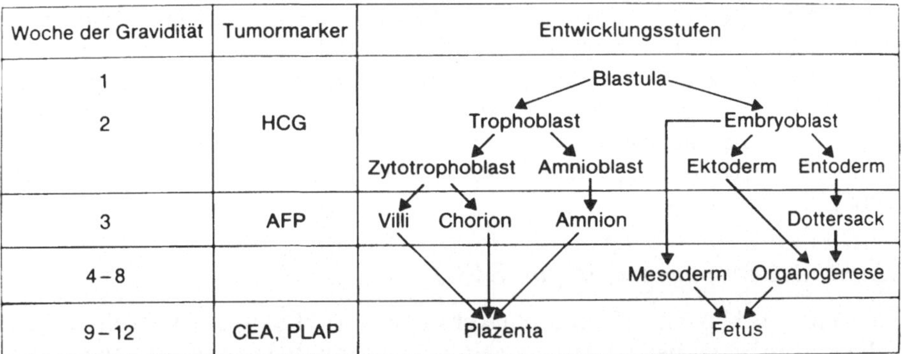

Abb. 3.1. Expression tumorassoziierter Antigene während der Embryonalentwicklung. [Aus: Blum u. Lorenz (1988) Postoperative Tumornachsorge. Perimed Fachbuch-Verlagsgesellschaft mbH, Erlangen]

(Moser et al. 1980; Popkin 1979; Wintzer et al. 1980). Im gynäkologischen Bereich sollte CEA als Kombinationsparameter in der Tumornachsorge beim Mammakarzinom und Ovarialkarzinom bestimmt werden, obwohl auch bei anderen Organlokalisationen in 13–37% pathologische Werte (2,5 µg/l) nachgewiesen werden (Halter et al. 1984).

In Abb. 3.1 ist das Auftreten onkofetaler und onkoplazentarer Antigene in Korrelation zum fetalen Wachstumsalter dargestellt.

Tissue polypeptide antigen (TPA)

Dieses Polypeptid wurde von verschiedenen Arbeitsgruppen als bei malignem Wachstum erhöht beschrieben (v. Dalen et al. 1984; Schlegel et al. 1981), ohne dabei aber eine deutliche Lokalisationsspezifität aufzuweisen. So wurden im Serum von Krebspatienten in 74% der Fälle pathologische Werte über 0,09 µ/ml angegeben. Allerdings weisen auch etwa ein Drittel der Patientinnen mit benignen Tumoren und 11% Gesunder pathologische Werte auf. TPA wird eine Korrelation zu proliferativer Aktivität zugeschrieben. Nach Untersuchungen von Schlegel et al. (1981) ist der Einsatz des TPA als Tumormarker lediglich in der Nachsorge von Mamma- und Ovarialkarzinompatientinnen zu sehen, allerdings wird es dabei als Kombinationsparameter in Verbindung mit anderen Markern, so dem CEA, bestimmt. (Zu TPA s. auch Benedetti et al. 1989 und Kreienberg 1989).

3.1.2 Onkoplazentare Proteine

Während die eben beschriebenen Substanzen aus der Resynthese fetaler Proteine im Tumorgewebe resultieren, werden auch solche beobachtet, die während der Gravidität in der Plazenta gebildet werden. Diese sind zumeist assoziiert mit Trophoblasttumoren, werden aber auch in geringem Maße von anders determinierten Tumoren gebildet. Es sind v.a. das humane Choriongonadotropin (HCG) und das schwangerschaftsspezifische β_1-Glycoprotein. Von geringer Bedeutung für die gynäkologische Onkologie ist das Regan-Isoenzym der alkalischen Phosphatase, so genannt nach einem Patienten mit Bronchialkarzinom, bei dem dieses zuerst beschrieben wurde (Fishman et al. 1968).

Humanes Choriongonadotropin (HCG)

HCG ist der klassische Tumormarker in der Gynäkologie. Es ist ein saures Glykoprotein, wobei besonders seine β-Untereinheit nachgewiesen wird. Gebildet wird HCG im Zytotrophoblasten der Plazenta, wo es an der Zellmembran lokalisiert ist. Die Synthese findet auch in synzytiotrophoblastischen Riesenzellen statt, die Bestandteile von embryonalen Karzinomen und Dottersacktumoren sind.

Besondere Bedeutung hat die immunologische Bestimmung von HCG beim Chorionkarzinom. Sie liefert einen ausgezeichneten Parameter zur Verlaufs- und Therapiekontrolle. Aber auch bei anderen Tumoren, so bei Blasenkarzinom, Gastrointestinalkarzinomen, Bronchialkarzinom etc. ist β-HCG bei ektoper Produktion nachweisbar.

Bei gesunden Probanden (ausgeschlossene Gravidität) beträgt die Serumkonzentration von β-HCG 1 μg/l.

Allein mit der Bestimmung von β-HCG im Serum lassen sich bei bis zu 90% der Patientinnen mit Chorionkarzinom pathologische Befunde erfassen.

Schwangerschaftsassoziierte β_1-Glykoprotein (SP_1)

Auch dieses onkoplazentare Protein hat seine Domäne im Nachweis bei Patientinnen mit Trophoblasttumoren und malignen Teratomen des Ovars. Es gilt als ausgezeichneter Kombinationsparameter zum β-HCG. Beide zusammen sind in bis zu 98% der Fälle bei den angeführten Malignomen pathologisch erhöht, jedoch werden niemals pathologische SP_1-Werte bei normalem β-HCG-Spiegel gefunden. Die normale Serumkonzentration beträgt 2 μg/l. Erhöhte Werte werden auch bei Mammakarzinom, einigen Sarkomen, Melanomen und anderen Tumoren gefunden (Ziegenbein 1982).

Regan-Isoenzym der alkalischen Phosphatase

Das Regan-Isoenzym wird in seiner Validität sehr unterschiedlich beurteilt. Bei Malignomen unterschiedlicher Lokalisation wird es in 4–42% positiv gefunden, so daß ein pathologischer Wert hinweisend auf eine Tumorerkrankung sein kann und weitere Maßnahmen nach sich zieht. Es ist aber nicht zu Screeninguntersuchungen geeignet und für den gynäkologischen Bereich zumeist unbedeutend. Besonders bei Knochen- und Lebermetastasierung sind hohe Werte beschrieben worden (Hempel et al. 1981).

Tabelle 3.2. Schwangerschaftsassoziierte Tumormarker. (Nach Melchert u. Kreienberg 1980)

Substanz	Markerfunktion bei:	Ektope Produktion oder unspezifische Reaktion bei:
Schwangerschaftsspezifisches β_1-Glykoprotein (SP_1)	Tumoren von Mamma, Lunge, Gastrointestinaltrakt, Urogenitaltrakt, bei Lymphomen, Sarkomen, Chorionepitheliom	Schwangerschaft, chronische Entzündungen
Schwangerschaftsassoziiertes α_2-Glykoprotein (SP)	Wie oben	
Regan-Isoenzym der alkalischen Phosphatase	Wie oben	Wie oben
Humanes Choriongonadotropin (HCG)	s. Hormone	
Alpha-Fetoprotein	s. Tumorantigene	

Die Zahl bisher bekannter karzinofetaler Antigene ist relativ groß (Tabelle 3.2). Nicht alle erlangen eine so dominierende Rolle wie die oben dargestellten. Sie sind für Diagnostik und Verlaufskontrolle bei Trophoblasttumoren, embryonalen Karzinomen, Teratomen und Dottersacktumoren des Genitales von unschätzbarem Wert und sind auch Gradmesser des Erfolgs therapeutischer Maßnahmen.

3.2 Serumproteine

Wie häufig auch maligne Neoplasien mit mehr oder weniger starken quantitativen Veränderungen der Serumproteine einhergehen, sind sie doch unspezifische Veränderungen als Begleiterscheinung der Tumorkrankheit. Sie besitzen keine Bedeutung bei der Früherfassung malignen Wachstums, können aber im Verlauf hinweisend auf ein Rezidiv oder auf Metastasierung sein. Das kann Ausdruck einer katabolen Stoffwechsellage sein. Allerdings sind die sog. Akute-Phase-Proteine (APP) auch bei Entzündungen oder Infektionen deutlich erhöht und erreichen gelegentlich Werte, die bei Neoplasien nie beobachtet wurden. Besonders bei den APP müssen Zusatzmaßnahmen (Strahlentherapie, Zytostatikaapplikation) bei entsprechenden Beurteilungen berücksichtigt werden, da sie recht sensibel reagieren. So sollten sie nach unseren Erfahrungen mit der Haptoglobinbestimmung im Serum erst 12 Wochen nach dem operativen Eingriff bestimmt werden, da die Wundheilung auch die Spiegel der APP wesentlich beeinflußt. Auch müssen bei der Beurteilung einzelner APP und anderer Serumproteine (besonders der Haptoglobine) die genetisch bedingt unterschiedlichen Serumnormalwerte für den jeweiligen Phänotypen beachtet werden (Koch u. Uhlenbruck 1983).

Gleichzeitig treten Differenzen zwischen den Phänotypen bei einzelnen Genitalkarzinomen auf (Bartel et al. 1985).

Aus diesem Grunde empfehlen wir, bei der Beurteilung dieser Parameter als Tumormarker sehr zurückhaltend zu sein und sie nur als akzessorische Parameter zu nutzen, die in Kombination mit anderen Parametern deren Wert erhöhen können. Das gilt für die Haptoglobine, das C-reaktive Protein und das saure α_1-Glykoprotein.

Zahlreiche Faktoren – so Art und Umfang der Schädigung, Art der Schädigung durch den Primärtumor, genetische Variationen, Vorerkrankungen, Begleitentzündungen, zusätzliche Organschäden, hormonelle Einflüsse etc. – beeinflussen die Aussagefähigkeit vieler Serumproteinspiegel, so daß pathologische Resultate irreführend sein können.

3.3 Immunglobuline

Veränderungen der 5 bekannten Immunglobulinklassen können in der Spätphase malignen Wachstums registriert werden. Sie enthalten eine große Anzahl von Antikörperspezifitäten, die als dynamische, sich zeitlich ständig ändernde Ergebnisse von B-Zell-vermittelten Immunantworten auf bakterielle, virale und toxische Reize wie auch auf Tumorantigene zu sehen sind. Veränderungen dieser Immunglobulinklassen können mit einer vermehrten oder verminderten Antikörperbiosynthese einhergehen. Bei der Diagnostik oder der Therapiebeurteilung gynäkologischer Malignome spielen sie allerdings keine Rolle. Sie sind bei Gammopathien von diagnostischer Relevanz (Ohlerschläger u. Berger 1984).

3.4 Enzyme und Isoenzyme

Die Erhöhung der Enzymaktivitäten in Körperflüssigkeiten ist als unspezifische Reaktion des Organismus auf malignes Tumorwachstum zu werten. So werden Aktivitätssteigerungen der Enzyme als Ausdruck von Tumorzell- und Gewebezerfall betroffener Organe, von Permeabilitätsstörungen sowie von therapiebedingten Zell- und Membranschädigungen gewertet. Die nachgewiesenen Änderungen der Enzymprofile des Tumorträgers sind demzufolge mehr quantitativer als qualitativer Art, so daß aus der Änderung des Enzymmusters weder auf die Lokalisation noch auf Differenzierung oder Histologie des Tumors geschlossen werden kann. Sie resultieren allgemein aus dem Stoffwechsel der Tumorzelle, aus ihrer forcierten Proteinsynthese sowie aus der Demaskierung von onkofetalen Genen. Da der Tumor in erster

Linie über die aerobe Glykolyse seine Energie gewinnt, sind Enzyme des glykolytischen Kohlenhydratabbaus in ihrer Aktivität erhöht, und die Enzyme der Glukoneogenese weisen meist erniedrigte Serumaktivitäten auf. Gleichzeitig werden Enzyme des Nukleinsäurenstoffwechsels erhöht gefunden.

Diese Veränderungen treten jedoch meist erst spät bei Makrokarzinomen, Rezidiven oder Organmetastasierungen auf, so daß die Enzymdiagnostik nur für Verlaufsbeobachtung in Frage kommt.

- Der Bestimmung der Laktatdehydrogenase (LDH) und ihrer Isoenzyme kommt bei Mamma- und Ovarialkarzinom eine gewisse Bedeutung zu. So wurden sie besonders bei Metastasierung in über 50% der Fälle erhöht gefunden. Es konnte auch eine Normalisierung bei erfolgreicher Chemotherapie beobachtet werden (Sigbrand et al. 1985). Isoenzymveränderungen (Zunahme der LDH 4 und 5) wurden auch bei Zervix- und Endometriumkarzinom gefunden. Die plazentare Form der LDH kann beim Therapiemonitoring des Chorionkarzinoms Bedeutung erlangen (Stagg u. Whiley 1968).
- Aldolase ist ein Hauptkettenenzym der Glykolyse und ist in malignen Geweben erhöht, so daß dies für die Serodiagnostik von Bedeutung sein kann. Sie erscheint als ein zuverlässiger Parameter der erfolgreichen Strahlentherapie. So kann die Aldolase in fast 80% der Fälle bei Mamma- bzw. Ovarialkarzinom mit Metastasierung erhöht vorliegen. Ein Isoenzym der Aldolase wird besonders hoch bei Lebermetastasierung gefunden (Sigbrand 1985).
- Andere Enzyme der Glykolyse wie Pyruvatkinase und Hexokinase liegen in Tumorgeweben ebenfalls in deutlich erhöhten Konzentrationen vor, so daß sie für diagnostische Zwecke genutzt werden können.
- Von den Glykosyltransferasen sind besonders die Sialyltransferasen in die Tumordiagnostik eingeführt worden. Sie werden im Serum von Tumorpatienten in bis zu 85% der Fälle erhöht gefunden. Sie zeigen auch eine gute Korrelation zum Therapieerfolg. Besonders trifft das für Ovarial- und Mammakarzinome zu. Die Sialyltransferase ist eine spezifische Glykosyltransferase, die N-Acetyl-Neuraminsäure als terminalen Zucker in Glykoproteine und Glykolopide einbaut, woraus ihre Aktivitätssteigerung bei malignem Wachstum herrührt. Beim Mammakarzinom scheint auch eine Korrelation zur Tumorgröße zu bestehen. Nach erfolgreicher operativer Therapie kehren die erhöhten Werte zur Norm zurück, allerdings stellen sie in der Frühdiagnostik von Malignomen keinen verläßlichen Parameter dar.
- Sheid et al. (1977) berichten über eine Erhöhung der Ribonukleaseaktivität bei Patientinnen mit Ovarialkarzinomen in weit über 90% der Fälle.

Die hier aufgeführten Enzyme stellen nur eine kleine Auswahl der für das Therapiemonitoring nutzbaren Enzyme dar. Einen umfassenderen Überblick gibt Tabelle 3.3. In den entsprechenden Zeiten sollten aber die Bemühungen aktiviert werden, diese in eine posttherapeutische Überwachung aufzunehmen.

Tabelle 3.3. Enzyme als Tumormarker. (Nach Melchert und Kreienberg 1980)

Substanz	Markerfunktion bei:	Ektope Produktion oder unspezifische Reaktion bei:
Amylase	Lunge	
Saure Phosphatasen (SP)	Prostata	CML, gutartige Prostatahyperplasie, Nieren-, Leber- und Gallengangsaffektionen
Alkalische Phosphatasen (AP)	Osteosarkom, osteoplastische Knochenmetastasen, besonders bei Mamma-, Prostata-, Schilddrüsenkarzinom, Leberkarzinom	M. Paget; Leber- und Gallengangsaffektionen
Histamin	Medulläres Karzinom, Schilddrüse, karzinomatöser Erguß, Ovarialkarzinom	
Muraminidase	Monozytenleukämie, kolorektale Tumoren, ZNS-Tumoren	M. Crohn
5-Nucleotid-Diesterase	Leberzellkarzinom	
Transaminasen (GOT, GPT)	Ausgeprägte Lebermetastasierung	Hepatozelluläre Schäden, Myokardinfarkt, Lungeninfarkt, akute Pankreatitis
Laktatdehydrogenase (LDH)	Spätstadien verschiedener Karzinome mit Kachexie und Lebermetastasen	Hepatozelluläre Schäden, Myokardinfarkt, perniziöse Anämie
Aldolase (ALD)	Spätstadien verschiedener Karzinome, fortgeschrittenes Prostatakarzinom	Myokardinfarkt, progressive Muskeldystrophie
Phosphohexoisomerase (PHI)	Prostata	Hepatozelluläre Schäden, Myokardinfarkt
γ-GT	Leberzellkarzinom und Lebermetastasen	Hepatitis, Myokardinfarkt
Cholinesterase	Fortgeschrittene Karzinome, Lebermetastasierung	Hepazelluläre Schäden, Anämien
Leucinaminopeptidase	Fortgeschrittene Karzinome, besonders von Ovar, Uterus; maligne Lymphome, Leukämie	Affektionen von Leber und Galle, Leiomyom des Uterus, Ovarialzysten
β-Glukuronidase	Tumoren von Niere und Prostata, gynäkologische Tumoren	Benigne Erkrankungen des Urogenitalsystems
Cystin-Aminopeptidase	Adenokarzinom des Endometriums und des Uterus	Benigne gynäkologische Tumoren
Prolyhydrolase	Tumoren von Leber und Mamma	
Sialyltransferase	Tumoren von Mamma, Lunge, Kolon, Magen, Schilddrüse, gynäkologische Karzinome etc.	Rheumatoide Arthritis, unspezifische Entzündungen
Galaktosyltransferase		

3.5 Ektope Hormone

Von diesen Polypeptiden werden beim Mammakarzinom besonders das ACTH in 70%, die Gonadotropine in 75% und das Prolaktin in 68% der Fälle erhöht gefunden (Ratcliffe u. Podmore 1979).

Nach unseren Ergebnisse ist der Prolaktinwert besonders bei östrogenrezeptornegativen Mammakarzinomen in der Postmenopause erhöht. Kalzitonin wird besonders bei Knochenmetastasierung erhöht gefunden. Über die Relevanz von β-HCG ist oben bereits berichtet worden. Der Nachweis ektoper Hormone ist häufig vor einer klinischen Manifestation des Rezidivs möglich und sollte deshalb zum Überwachungskonzept gehören.

Im Rahmen der Sterilitätsdiagnostik werden dem Gynäkologen häufig als erstem hohe Serumprolaktinwerte auffallen, die nicht selten Ausdruck von Hypophysentumoren sind (Tabelle 3.4).

3.6 Metabolite

Die Prostaglandinproduktion wird als ein sehr frühes Symptom im Rahmen der malignen Entartung angesehen. Das betrifft besonders Mamma- und Uteruskarzinome und hierbei besonders undifferenzierte Karzinome. Diese Resultate werden gestützt durch Untersuchungen mit unterschiedlichen Karzinogenen, bereits vor maligner Transformation wurde eine verstärkte Prostaglandinsynthese beobachtet. Dies betrifft v.a. die E- und F-Prostaglandine, durch die auch eine paraneoplastische Hyperkalzämie hervorgerufen werden soll (Peskar 1981).

Die Polyamine Putreszin, Spermidin und Spermin entstehen nach Dekarboxylierung der Aminosäure Ornithin. In Geweben mit hoher Proliferationsaktivität werden hohe Polyaminkonzentrationen gefunden, die in engem Zusammenhang zum extrazellulären Spiegel stehen. Tumorvernichtung durch Chemotherapie oder Bestrahlung führt zu einem Absinken der Polyamine in Serum und Urin. Von Russel et al. (1977) wird der Bestimmung von Polyaminen in Kombination mit CEA beim Therapiemonitoring des Mammakarzinoms Bedeutung beigemessen (Tabelle 3.5). Besonders Putreszin zeigt eine gute Korrelation zum Stadium und zur Aktivität des Tumorgeschehens (Russel 1977).

Es wurde verschiedentlich versucht, Hydroxyprolin als wesentlichen Bestandteil des Kollagens in das Tumormonitoring einzubeziehen. Dem steht aber entgegen, daß die Bestimmung nur unter strenger diätetischer Kontrolle sinnvoll ist, da der Hydroxyprolinspiegel im Serum durch fleischhaltige oder gelatinehaltige Kost stark beeinflußt wird. Aus diesem Grund hat sich dieser Marker nicht durchgesetzt (Ziegenbein 1982).

Wesentlich günstiger ist es, die freie Serumaminosäurenkonzentration bei Tumorpatientinnen zu bestimmen, da ihr Serumspiegel in engem Zusam-

Tabelle 3.4. Hormone als Tumormarker. (Nach Melchert u. Kreienburg 1980)

Substanz	Markerfunktion	Ektope Produktion oder unspezifische Reaktion
Humanes Choriongonadotropin (HCG)	Blasenmole, Chorionkarzinom, malignes Teratom des Hodens, Ovar, Mediastinum, Pankreas, Leber, Mamma, Lunge, Gastrointestinaltrakt	Hepatozelluläres Karzinom, Lunge, Chorionepithelom, Hoden
Human Placenta Lactogen (HPL)	Wie HCG	Schwangerschaft
ACTH	Chromophobes Hypophysenadenom und -karzinom	Lunge (adenosquamöses undifferenziertes Karzinom)
FSH		Lunge
STH	Hypophysenadenom	Lunge, Magen
Neurophysin	Hypophyse, Hypothalamus	Lunge, Niere
TSH	Hypophyse	
Insulin	Insulinom	Lymphsarkom, Sarkom
Glukagon	Glukagonom	Niere
Gastrin	Zollinger-Ellison-Syndrom, Pankreas	Ovar
Kalzitonin	Medulläres Karzinom der Schilddrüse	Pankreas, Lunge, Prostata, Uterus, Mamma, Blase
Erythropoetin	Nierenkarzinom, Nephroblastom	Phäochromozytom, Fibromyoma uteri, zerebelläres Hämangiosarkom
Parathormon	Nebenschilddrüse	Niere, Lunge, Leber, Nebenniere, Parotis, Milz, Mamma, Hoden
Renin	Juxtaglomeruläres Karzinom	zerebelläres Hämangioblastom
Prostaglandin	Schilddrüse (medulläres Karzinom)	Mamma
Katecholamine	Phäochromozytom, Hämoblastom	

menhang mit der Proteinsynthese des Zellverbands steht. Bei erfolgreicher Therapie normalisiert sich der Spiegel, um bei Proliferation des Malignoms wieder anzusteigen. Die Bestimmung ermöglicht allerdings keine lokalisationsspezifische Diagnostik. Serumaminosäuren verdienen als Verlaufsparameter besondere Beachtung. Besonders Asparaginsäure und Glutaminsäure als typische glukoplastische Aminosäuren sowie Phenylalanin und Tyrosin sind dabei wertvoll. Letztere stehen in engem Zusammenhang mit der Kate-

Tabelle 3.5. Glykoproteine, Milchproteine, Metabolite. (Nach Melchert und Kreienburg 1980)

Substanz	Markerfunktion bei	Ektope Produktion oder unspezifische Reaktion bei
Glykoproteine		
– Akute-Phase-Proteine	Verschiedene Karzinome	Infektion, Trauma, lokale Entzündung
– α_1-Antitrypsin		
Milchproteine		
– κ-Casein	Mamma, Bronchus etc.	Schwangerschaft, Laktation, benigne Tumoren
– Laktoferrin		
– α-Laktalbumin		
Metabolite		
– Nukleoside – Polyamide	Knochen- und Weichteilmetastasen, Mamma, Lunge, Ovar, Hoden, Uterus, Leukämie	Entzündungen, Psoriasis Arthritis, Pankreatitis, Zirrhose, Myokardinfarkt
– α_{2h}-Ferritin		
– β_2-Mikroglobulin		

cholamin- und Melaninsynthese. Diese Befunde ergänzen die Beschreibung der erhöhten Aktivität der Enzyme der Glykolyse und der verminderten Aktivität der Enzyme der Glukoneogenese (Elling u. Bader 1985). Die kontinuierliche Verlaufsbeobachtung der Serumspiegel und deren Beziehung zum jeweiligen Progressionsgrad der Geschwulst bzw. zum therapeutischen Effekt lassen es möglich erscheinen, diese für das Therapiemonitoring zu nutzen.

Bei Tumorpatientinnen treten häufig auch Elektrolytveränderungen im Serum auf. So werden ein niedrigerer Selen- und Eisenspiegel im Serum sowie ein erhöhter Kupferspiegel als Ausdruck intensiv ablaufender Redoxprozesse beschrieben (Jacobs et al. 1981).

3.7 Tumormarkerbestimmung bei gynäkologischen Malignomen

In Einzeldarstellungen haben wir versucht, einige Substanzen aus der übergroßen und kaum noch zu übersehenden Vielzahl sogenannter Tumormarker zu beschreiben. Es ist jedoch empfehlenswert, sich derzeit noch nicht auf Einzelparameter zu verlassen, sondern stets ganze Testbatterien durchzuführen. Sarjadi et al. (1980) konnten durch Kombination verschiedener Parameter beim Mammakarzinom die diagnostische Zuverlässigkeit auf 76% und

Tabelle 3.6. In der Gynäkologie gebräuchliche Tumormarker

Organlokalisationen	Tumormarker	Sensitivität [%]	Spezifität [%]	Andere Erkrankungen
Ovarialkarzinom	CA 125	84–87	15–20	Benigne Ovarialtumoren, Entzündungen, Schwangerschaft
	TAG 72-4	93	62	
	CEA			
Zervixkarzinom (Plattenepithelkarzinom)	SCC	50–55	50	Nierenerkrankungen
	CEA	30–40	30–35	Pankreatitis, Magenulkus, Duodenalulkus, Divertikulitis, Leberzirrhose
	Neopterin	35	40	Raucher
Mammakarzinom	CA 15-3	20–30	60	Benigne Lungenerkrankung, Leberzirrhose, Immunerkrankungen
metastasierendes Mammakarzinom		75	50	
	MCA	20–25	45	
Fernmetastasierung		27	75	
	CA 549	35	65	
	CEA	30	45	Benigne Erkrankungen im Kolorektal- und Magenbereich Raucher
Endometriumkarzinom	Bisher kein Tumormarker bekannt, evtl. CA 19-9	–	–	–
Vulvakarzinom (Plattenepithelkarzinom)	SCC	45	50	
Keimzelltumoren	AFP	80–85	20–25	Leberzirrhose
Chorionkarzinom	β-HCG	95–100	20–25	Gravidität
	AFP			
	SP_1			

beim Ovarialkarzinom auf 79% steigern. Im gynäkologischen Bereich sind es besonders 3 Tumorlokalisationen, bei denen ein kontinuierliches Therapiemonitoring mit biochemischen Markern lohnend erscheint.

So ist es sinnvoll, beim Mammakarzinom CEA, Alpha-Fetoprotein (AFP), die Sialyltransferase, die freien Serumaminosäuren, LDH, Polyamine sowie ausgewählte Akute-Phase-Protein zu bestimmen.

Bei Trophoblasttumoren kommt dem Alpha-Fetoprotein, dem β-HCG und dem SP_1 große Bedeutung zu.

Für das Ovarialkarzinom sind CEA, AFP, Serumaminosäuren, Polyamine, Sialyltransferase und das SP_1 von diagnostischer Relevanz (Tabelle 3.6). Die Bestimmung von Tumormarkern setzt eine gute Organisation in der Nachsorge sowie eine enge Kooperation mit einem suffizienten klinisch-chemischen Labor voraus, das in der Lage ist, bei der großen Routinebelastung diese Analysen zuverlässig und kontinuierlich durchzuführen. Wir sind der Meinung, daß sich durch diese zusätzlichen Maßnahmen die Früherkennung eines primär nicht beherrschten Geschwulstleidens intensivieren und effektiver gestalten läßt. Sie stellen eine Möglichkeit dar, Heilungsergebnisse weiter zu verbessern. Die Ergebnisse verschiedener Arbeitsgruppen belegen aber auch, daß keiner der bekannten Marker zur Frühdiagnostik von Malignomen im Rahmen von Screeninguntersuchungen oder prinzipiell zur Überwachung von Risikogruppen ausreichend qualifiziert ist. Weitere Untersuchungen und Forschungen sind nötig und notwendig, um hier Fortschritte zu erzielen. Bei der Beurteilung der Brauchbarkeit entsprechender Serumparameter für das Therapiemonitoring ergibt sich ein anderes Bild. Die Ergebnisse zeigen, daß durch die Bestimmung von Tumormarkern die Überwachung von Primär- und Folgetherapie möglich ist, daß ein Rezidiv häufig vor seiner klinischen Manifestation diagnostiziert und daß das rezidivfreie Intervall besser überwacht werden kann. Diese klinisch-chemischen Untersuchungen müssen aber eingebettet sein in ein strenges Programm zusammen mit klinischen, radiologischen und nuklearmedizinischen Methoden und setzen zum Wohle der Patienten eine effektive Konzentration der Karzinomtherapie und Karzinomnachsorge an Zentren voraus.

Literatur

Bartel U, Elling D, Geserick H (1985) Zur Verteilung der Haptoglobinphänotypen bei gynäkologischen Tumoren. Zentrbl Gynäkol 17:1492–1495

Benedetti-Panici P, Scambia G, Baiocchi G et al. (1989) Multiple serum markers in patients with endometrial cancer. Gynecol Obstet Invest 27:208

Elling D, Bader K (1985) Veränderungen der freien Serumaminosäuren bei Patientinnen mit gynäkologischen Karzinomen. Z Klin Med 40:805–809

Fishman WH, Inglis NJ, Stollbach LJ, Kant MJ (1968) A serum alkaline phosphatase isoenzyme of human neoplastic cell origin. Cancer Res 28:150–155

Halter SA, Faber LD, Pormenter M, Dupont WD (1984) Carcinoembryonic antigen expression and patient survival in carcinoma of the breast. Oncology 41:297–302

Heberman RB (1976) Immunologic approaches to the diagnosis of cancer. Cancer 37:549–554

Hempel RD, Müller G, Rose H, Riesbeck KH (1981) Möglichkeiten und Grenzen enzymatischer Tumordiagnostik. Radiobiol Radiother 22:588–593

Jacobs TP, Siris ES, Bilezkian J-P, Bagniran DC (1981) Hypercalcemia of malignancy. Ann Intern Med 24:312–316

Kleist SV (1984a) Möglichkeiten und Grenzen des Gebrauchs von Tumormarkern. Lab Med 404–406 Bd 17

Kleist SV (1984b) News and views in tumor markers. Nuklearmedizin 23:1–3

Koch OM, Uhlenbruck G (1983) Plasmaproteine und Akute-Phase-Reaktion als Tumormarker bei Malignompatienten. Laboratoriumsblätter 30:29–35

Kreienberg R (1989) Allgemeine und spezifische Laborparameter im Rahmen der Tumornachsorge bei gynäkologischen Malignomen und beim Mammakarzinom. Gynäkologe 22:55

Krieger G (1984) Metastatic breast cancer with low CEA blood level. J Cancer Res Clin Oncol 108:341–344

Malkin A (1982) Tumormarkers – an overview. (Int conference of human tumor markers, München, Juni 1982)
Melchert F, Kreienberg R (1980) Tumormarker und ihre Bedeutung in der gynäkologischen Onkologie. Gynäkologie 19:74–88
Moser K, Dorner F, Francesconi M (1980) Entwicklungen in der blutchemischen Diagnostik maligner Erkrankungen. Wiener Klin Wochenschr 92:789–796
Ohlenschläger G, Berger J (1984) Immunologische und biochemische Diagnostik maligner Tumoren. Lab Med 7:36–41
Peskar BM (1981) Bedeutung der Prostaglondine für Tumorwachstum und Tumorsymptomatik. Med Klinik 76:11–14
Popkin DR (1979) Early diagnosis of ovarian cancer. JAMA 5:1106–1108
Ratcliffe J-G, Podmore J (1979) Ectopic hormones. In: Boelsma E, Rumke P (eds) Tumormarkers. Elesvier, North-Holland, 179–193
Russel DH (1977) Increased polyamine concentrations in the urine of human cancer patients. Nature 233:144–152
Sarjadi S, Dannter B, Mackay G (1980) A multiparametric approach to tumor markers detectable in serum in patients with carcinoma of the ovary or uterine cervix. Gynecol Oncol 10:113–124
Schlegel G, Liethgans M, Eklund G, Björklund B (1981) Correlation between activity in breast cancer and CEA, TPA and eighteen common laboratory procedures and the importance by the combination use of CEA and TPA. Tumordiagnostik 2:6–11
Sheid B, Lu T, Pedrinon L, Nelson J-H (1977) Plasma ribonuclease – marker for detection of ovarian cancer. Cancer 39:2204–2208
Sigbrand T, Homgren PA, Jeppsson A (1985) On the value of placental alkaline phosphatase as a marker for gynaecological malignancy. Acta Obstet Gynecol Scand 64:99–103
Stagg BH, Whiley GA (1968) Some characteristics of lactate dehydrogenase isoenzymes in tumors of the female genital tract. Clin Chim Acta 22:521–534
Wintzer G, Koch O, Uhlenbruck G (1980) Wertigkeit von CEA – und Serumglycoprotein – Bestimmung in der Tumordiagnostik. Internist 21:181–188
Ziegenbein R (1982) Tumormarker. Neue Aspekte für die Labordiagnostik. Akademieverlag, Berlin

4 Epidemiologische Besonderheiten und Prognosekriterien ausgewählter gynäkologischer Tumoren

Soweit es im Rahmen dieses Buches notwendig ist, sollen für die hier dargestellten Organlokalisationen einige Fragen der Epidemiologie und der Prognose dargestellt werden. Dies ist erforderlich, da die vorliegende Darstellung über die einfache Abhandlung einzelner Tumormarker hinausgeht und den Leser zu einer kritischen Betrachtungsweise dieser Labormethoden anregen soll. Nicht jedes Karzinom in der Gynäkologie ist geeignet, mit modernen biochemischen und immunologischen Methoden überwacht zu werden. Wir haben uns deshalb entschlossen, uns auf das Zervixkarzinom, das Ovarialkarzinom, das Mammakarzinom und das Chorionepitheliom zu beschränken. Nach dem gegenwärtigen Stand des Wissens sind für die anderen Organmanifestationen keine als relevant zu bezeichnenden Tumormarker bedeutsam (Abb. 4.1).

4.1 Zervixkarzinom

Die geographische Inzidenz für das Zervixkarzinom ist sehr unterschiedlich, sie liegt zwischen 5/100 000 für Israel und 63/100 000 für Kolumbien. Darin dokumentieren sich sowohl ethnische und rassische wie auch religiöse Besonderheiten. Gleichzeitig ist diese hohe Schwankung auch Ausdruck der Qualität des jeweiligen Gesundheitswesens, der Aufklärung der jeweiligen Population, des Gesundheitsbewußtseins, aber auch unterschiedlicher Sexualpraktiken, hygienischer Bedingungen, der Geburtlichkeit und vieler anderer Faktoren mehr. Aber selbst in relativ engen geographischen Grenzen differieren die Inzidenzen nicht unerheblich; so liegen sie in Deutschland zwischen 17 und 27/100 000. Geringe Inzidenzraten werden aus Bulgarien mit 10,1/100 000, aus Großbritannien mit 10–16/100 000, aus der Schweiz und aus Schweden angegeben (Ayiomamitis 1987; Ebeling u. Nischan 1986; Kubista et al. 1977; Lang 1986; Schrage 1987).

Zum Teil durch die Einführung der Screeningprogramme in verschiedenen Ländern, aber auch durch die Beseitigung sozioökonomischer Differenzen, die Hinwendung zu einem ökologischen Bewußtsein, durch den Rückgang der Entbindungshäufigkeit in bestimmten Regionen sowie die Anwendung hormoneller Kontrazeptiva konnte ein Rückgang der Erkrankungshäufigkeit an Zervixkarzinom registriert werden. Damit ging andererseits eine Zunahme der festgestellten Vorstufen für dieses Malignom einher. Gerade

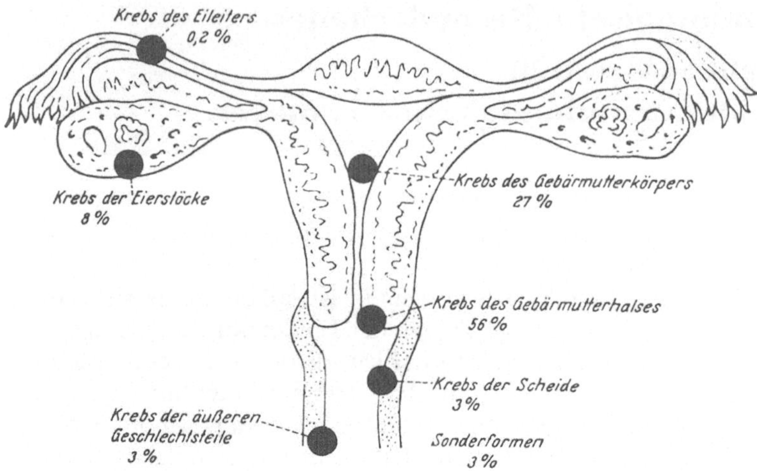

Abb. 4.1. Häufigkeitsverteilung der weiblichen Genitalkarzinome im Krankengut der Frauenklinik der Charité, Berlin

durch die Einnahme hormoneller Antikonzeptiva und der damit verbundenen Forderung, bereits junge Frauen und Mädchen mit Beginn der Kohabitarche zytologisch zu überwachen, ist diese Tendenz in den letzten 10 Jahren unübersehbar. Gleichzeitig scheint sich aber auch herauszustellen, daß die Zervixkarzinomkrankheit kein einheitliches pathognomonisches Verhalten zeigt. Die These, daß vom Auftreten einer Dysplasie bis zum invasiven Wachstum 20–30 Jahre vergehen, ist generell nicht mehr zu vertreten. Dies belegen die zahlreichen Behandlungsfälle von invasiven Zervixkarzinomen bei Frauen vor dem 30. Lebensjahr (Tabelle 4.1). Besondere Bedeutung haben die humanen Papillomviren in der Ätiologie des Zervixkarzinoms. Hier sind es besonders die Typen 16 und 18 sowie 31, 32 und 33, die ursächlich mit der Entwicklung eines invasiven Zervixkarzinoms in Verbindung gebracht werden. Allerdings ist die Anwesenheit dieser Viren zwar eine Bedingung, aber nicht Ursache für die maligne Entartung der Zelle. Die virale DNA ist in der Regel in den Wirtszellchromosomen integriert, was noch keine maligne Transformation bedeutet. Erst durch Entkopplung von

Tabelle 4.1. Risikofaktoren für das invasive Zervixkarzinom

Risikofaktoren	Relatives Risiko
Hormonelle Antikonzeption	0,8
Kohabitarche mit <18 Jahren	3,3–4,5
≤2 Sexualpartner	2,0
3–5 Sexualpartner	4,3
>5 Sexualpartner	7,3
Nachgewiesene HPV-Infektion	10,2–13,5

Kontrollmechanismen der Expression dieser Gene kommt es zur ungehemmten Proteinsynthese. Erst durch zusätzliche Kofaktoren, die bis heute kaum definiert sind, wird malignes Wachstum möglich (Anderson 1985; Aschby 1982; Fish 1974). Dadurch werden die sekundären Strukturen der Zelle (Membran) derart verändert, daß es zur Freisetzung pathologischer Enzymstrukturen, Eiweiße, Antigene sowie zu Veränderungen der Rezeptorstruktur auf der Zelloberfläche kommt, die mit verschiedenen Methoden dargestellt werden können. Mit gewissen regionalen Unterschieden sind 90–95% aller Zervixkarzinome Plattenepithelkarzinome, 4–9% sind Adenokarzinome und 0,5–1% sind seltene Tumorarten (Sarkome, embryonale Karzinome) (Averette et al. 1978; Balzer et al. 1982; Bajardi u. Burkhardt 1957).

4.1.1 Prognosekriterien

Das Stadium, in dem die Geschwulst entdeckt wird, ist das Hauptprognosekriterium für das Zervixkarzinom. Während Dysplasie und Carcinoma in situ eine 100%ige Heilung garantieren, verschlechtern sich die kurativen Aussichten entsprechend dem Ausbreitungsgrad. In Tabelle 4.2 ist die Stadienklassifikation des Zervixkarzinoms dargestellt.
Innerhalb prognostisch günstiger Stadien (T1a2, T1b) sind gewisse prognostische Unterschiede in Abhängigkeit vom Tumorvolumen zu beobachten.

Tabelle 4.2. Stadienklassifikation des Zervixkarzinoms

TNM-Kategorie			Definition	FIGO-Stadium		
Tis			Carcinoma in situ	0		
T1			Begrenzung auf Uterus	I		
	T1a		Diagnose nur durch Mikroskopie		Ia	
		T1a1	Minimale Stromainvasion			Ia1
		T1a2	Tiefe ≤5 mm, horizontale Ausbreitung ≤7 mm			Ia2
	T1b		Läsionen größer als T1a2		Ib	
T2			Ausdehnung jenseits Uterus, aber nicht zur Beckenwand und nicht zum unteren Drittel der Vagina	II		
	T2a		Parametrien frei		IIa	
	T2b		Parametrien befallen		IIb	
T3			Ausdehnung auf unteres Drittel der Vagina und Beckenwand ± Hydronephrose	III		
	T3a		Vagina/unteres Drittel		IIIa	
	T3b		Beckenwand ± Hydronephrose		IIIb	
T4			Ausdehnung auf Schleimhaut von Harnblase, Rektum und/oder jenseits des kleinen Beckens	IVa		
M1			Fernmetastasen	IVb		

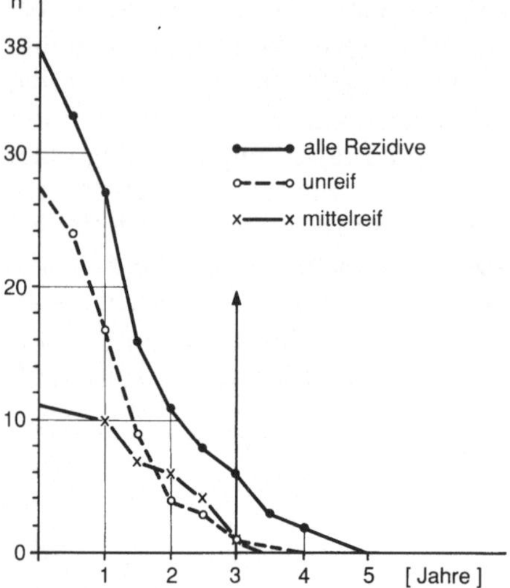

Abb. 4.2. Auftreten von Rezidiven bei Zervixkarzinom Stadium pT_{1b} entsprechend dem Reifegrad

Als weiteres Prognosekriterium gilt der nachgewiesene Einbruch des Tumors in Venen, Arterien und Lymphgefäße. Eine Lymphangiosis carcinomatosa reduziert die Prognose gemessen an der 5-Jahres-Heilungsrate um 20–25%; gleichzeitig treten bei diesen Formen früher und häufiger Lokalrezidive auf. Gravierender muß ein Einbruch in Blutgefäße hinsichtlich der Abschwemmung von Karzinomzellen in tumorferne Regionen beurteilt werden. Bei nachgewiesener Gefäßinfiltration kann sich die Prognose um bis zu 40% reduzieren (Bender 1984; Carmichael et al. 1986; Fritsche et al. 1982).

Hinsichtlich des Tumorgradings werden differente Angaben gemacht. Während in früherer Zeit nur das zelluläre Grading beurteilt wurde, ist es heute üblich, neben diesem die Invasionsfront, Nekrosehäufigkeit, aber auch zelluläre Wachstumsfaktoren und Nekrosefaktoren zu berücksichtigen. Ein ausgeprägter neutrophiler Randsaum und kräftige entzündliche Begleitreaktionen wirken sich bis zu 30% prognosebegünstigend aus gegenüber einer fehlenden Reaktion, was in erster Linie auf ein intaktes lokales Immunsystem schließen läßt. Unreifzellige, kleinzellige Karzinomformen weisen eine schlechtere Prognose auf als reifzellige, verhornende Wuchsformen. Gleichzeitig ist die Lokalisation der unreifen Zellnester bedeutsam: Liegen diese am Rand, ist der Tumor aggressiver zu beurteilen als bei zentraler Lage. Häufige Nekrosen deuten auf ein schnelles Wachstum. Der Reifegrad des Tumors kann auch Aufschluß über die ruhenden Zellen (G_o-Phase) im Tumor geben und damit ein indirektes Maß für die Ansprechwahrscheinlichkeit auf Chemo- und Strahlentherapie sein (Johanson et al. 1987; Moebius 1977; Moser u. Stader 1981).

In Abb. 4.2 und 4.3 ist für das Zervixkarzinom die Rezidivhäufigkeit pro Zeiteinheit entsprechend dem Reifegrad dargestellt.

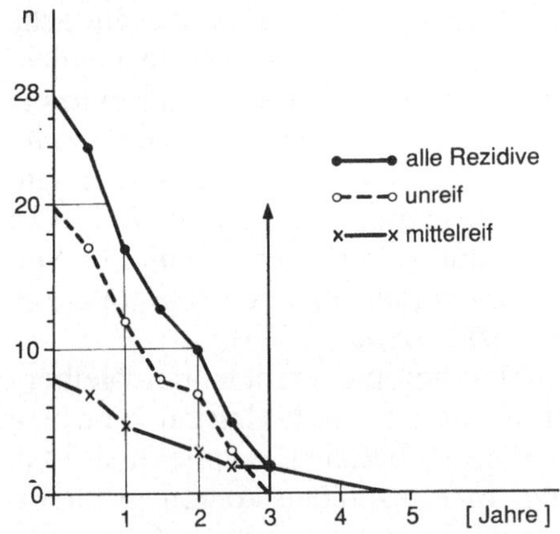

Abb. 4.3. Auftreten von Rezidiven bei Zervixkarzinom Stadium pT_{2a} und pT_{2b} entsprechend dem Reifegrad

Tabelle 4.3. Fünfjahresüberleben bei Zervixkarzinom nach Stadium und Reifegrad

Stadium	Reifegrad	Überlebensraten [%]
pT1a2		98,7
pT1b	Alle	71
	– reifzellig	100
	– mittelreif	85
	– unreif	21,6
pT2a,b	Alle	42,9
	– reifzellig	100
	– mittelreif	63,6
	– unreif	4,7

Die Metastasierung des Zervixkarzinoms erfolgt über die regionären Lymphknoten und von dort in Lunge, Leber und Knochen. Eine Lymphknotenmetastasierung erhöht das relative Risiko einer weiterführenden Metastasierung um den Faktor 20. Makrometastasierung von >1 mm im Lymphknoten verschlechtert die Prognose für die Patientin um etwa 30%. Tabelle 4.3 gibt die Heilungsergebnisse entsprechend des Differenzierungsgrades beim Zervixkarzinom wieder.

4.1.2 Therapie

Prinzipiell hat sich die abgestufte, stadienadaptierte Therapie beim invasiven Zervixkarzinom sowie dessen Vorstufen durchgesetzt. Während für die Dysplasieformen und das Carcinoma in situ (CIN I–III) die Konisation die Therapie der Wahl darstellt, gehen bei invasivem Wachstum die Meinungen auseinander.

Beim Stadium T1a1 ist sowohl die Konisation wie auch die einfache Hysterektomie mit oder ohne Mitnahme einer Scheidenmanschette möglich. Im Stadium T1a2 bis 3 mm ohne Gefäßinfiltration reicht eine Hysterektomie mit Scheidenmanschette aus, sind Blut oder Lymphgefäße involviert, sollte radikal nach Meigs operiert werden (Entfernung von Uterus, Scheidenmanschette, Parametrien und regionalen Lymphknoten). Das Stadium T1b ist die klassische Indikation zur abdominalen radikalen Hysterektomie. Im Stadium T2a oder T2b wird vielerorts operativ vorgegangen und postoperativ bestrahlt (Woodruft 1980; Zornoza et al. 1977; Bender 1984).

Das Stadium T3a,b sollte der Strahlentherapie vorbehalten bleiben, wogegen im Stadium T4 sehr individuell verfahren wird bis hin zur ventralen oder dorsalen Eviszeration. Sind Lymphknoten befallen, empfiehlt sich bei jedem T-Stadium eine Nachbestrahlung. In Einzelfällen kommt prätherapeutisch eine antineoplastische Chemotherapie (neoadjuvant) in Frage. Bei jungen Patientinnen und bei unreifen Befunden kann die Zeit zwischen dem Primäreingriff und der beginnenden Radiotherapie durch eine antineoplastische Chemotherapie überbrückt werden. Die Therapieplanung sollte durch ein Team erfahrener Onkologen erfolgen. Das gilt besonders für höhergradige Stadien. In jedem Fall sollten aber die Prognoseparameter in die Therapieplanung einfließen.

4.1.3 Nachsorge

Für die Nachsorge stehen verschiedene klinische, radiologische wie auch biochemische und immunologische Methoden zur Verfügung. Von besonderer Relevanz sind neben der klinischen palpatorischen Untersuchung das Urogramm, die Sonographie, die Thoraxröntgenaufnahme und die Computertomographie. Unterstützend können an blutchemischen Parametern alkalische und saure Phosphatase, CEA und SCC (Squamous-cell-carcinoma-Antigen). Jede Nachsorge sollte standardisiert und individuell (nach Prognosefaktoren) zugleich durchgeführt werden (Burghardt et al. 1989; Chassard et al. 1976; Fish et al. 1974; Fritsche et al. 1982).

4.2 Ovarialkarzinom

Das Ovarialkarzinom ist das dritthäufigste Genitalkarzinom der Frau. Weltweit weist die Inzidenz ebenfalls große Unterschiede auf. So wird in Japan eine Inzidenz von 2,8/100 000 registriert, wogegen in Schweden immerhin 15,1/100 000 festgestellt werden. In Europa liegt Ungarn mit 5,6/100 000 besonders günstig, die Zahlen in den übrigen Ländern dieses Erdteils mit verwertbaren Registern liegen zwischen 10 und 15/100 000.

Aus Migrationsuntersuchungen ist bekannt, daß Japanerinnen nach Auswanderung nach Amerika eine deutlich ansteigende Inzidenz aufweisen.

In Deutschland gehen immerhin etwa 6% aller weiblichen Krebstodesfälle zu Lasten des Ovarialkarzinoms. Die Heilungsergebnisse für alle Stadien zusammen sind schlecht und liegen je nach Erfassung zwischen 20 und 30%.

Auch für die verschiedenen histologischen Formen des Ovarialkarzinoms gibt es unterschiedliche geographische Verteilungsmuster. So treten bei Afrikanerinnen häufig Karzinome auf, die vom Ovarialstroma bzw. von den Keimzellen ausgehen (50%), während bei indischen Frauen der Anteil dieser Tumoren nur etwa 20% beträgt (ähnlich bei Europäerinnen). Auch rassische Unterschiede sind zu registrieren. So sind epitheliale Tumoren bei Weißen häufiger als bei der schwarzen Rasse. Das drückt sich auch in den Heilungsergebnissen aus, da epitheliale Tumoren eine schlechtere Prognose aufweisen. Die Inzidenzen für das Ovarialkarzinom sind in den letzten 50 Jahren fast konstant geblieben. Das Haupterkrankungsalter liegt zwischen dem 50. und 70. Lebensjahr (Ausnahme: Keimzelltumoren).

Die höchsten Inzidenzraten weisen die serösen, papillären und muzinösen Kystadenokarzinome auf, gefolgt von endometrioiden und Klarzellkarzinomen; geringere Inzidenzen zeigen mesenchymale (0,8/100 000) und Keimzelltumoren (0,5/100 000) (Stewart et al. 1989; Thigpen et al. 1988).

4.2.1 Risikofaktoren

Für das Ovarialkarzinom scheint es epidemiologische Zusammenhänge mit dem Reproduktionsverhalten zu geben. Die Erkrankungshäufigkeit korreliert reziprok mit der Anzahl der Schwangerschaften. Ovarialkarzinome sollen häufiger bei Nonnen, unverheirateten Frauen und sterilen Frauen auftreten. Bei hormonbildenden Tumoren besteht eine Korrelation zur Dauer der generativen Phase. Insbesondere bei anovulatorischer Sterilität ist das relative Risiko erhöht. Eine Erhöhung des FSH- und LH-Spiegels scheint begünstigend zu sein, während die Einnahme von Ovulationshemmern offenbar protektiv wirksam ist. Die Risikofaktoren lassen sich aufgrund der histologischen Inhomogenität des Ovarialkarzinoms nur bedingt verwerten. Hinsichtlich der Ernährungsgewohnheiten wurde eine steigende Inzidenz mit einer Erhöhung des Fettkonsums in Verbindung gebracht. Es scheint sich allerdings die Meinung durchzusetzen, daß genetische Anlage und familiäre Disposition von großer Bedeutung sind. So werden auch genetisch fixierte familiäre Immundefekte vermutet. Ein Zusammenhang mit bestimmten Viruserkrankungen ist ebenfalls möglich (Varizellen, Mumps). Radioaktivität, chemische Noxen und andere Umweltfaktoren werden wie für andere Karzinome auch hinsichtlich der kausalen Genese des Ovarialkarzinoms diskutiert.

Es lassen sich allerdings für das Ovarialkarzinom keine abgrenzbaren Risikogruppen definieren (Wienold et al. 1989; Schieder et al. 1989).

Tabelle 4.4. Stadienklassifikation des Ovarialkarzinoms

TNM-Kategorie		Definition	FIGO-Stadium	
T1		Begrenzung auf Ovarien	I	
	T1a	Ein Ovar, Kapsel intakt		Ia
	T1b	Beide Ovarien, Kapsel intakt		Ib
	T1c	Kapselruptur, Tumor an der Oberfläche, maligne Zellen im Aszites oder bei Peritonealspülung		Ic
T2		Ausbretung im Becken	II	
	T2a	Uterus, Tube(n)		IIa
	T2b	Andere Beckengewebe		IIb
	T2c	Maligne Zellen in Aszites oder bei Peritonealspülung		IIc
T3 und/ oder N1		Peritonealmetastasen jenseits des Beckens und/oder regionäre Lymphknotenmetastasen	III	
	T3a	Mikroskopische Peritonealmetastasen		IIIa
	T3b	Makroskopische Peritonealmetastase <2 cm		IIIb
	T3c und/ oder N1	Peritonealmetastase(n) >2 cm und/oder regionäre Lympknotenmetastasen		IIIc
M1		Fernmetastasen (ausschließlich Peritonealmetastasen)	IV	

4.2.2 Prognosekriterien

Eindeutiger Vorrang in der Beurteilung der Prognose für diese Karzinomlokalisation kommt der Ausbreitung der Geschwulst zu. Über 50% aller Ovarialkarzinome unterschiedlicher histologischer Dignität kommen im Stadium III oder IV zur Diagnose. Aus Tabelle 4.4 ist die kurzgefaßte Stadienklassifikation zu entnehmen.

Letztendlich entscheiden die Radikalität der Operation, die notgedrungen zurückgelassenen Tumorreste, die Metastasierung und das Ansprechen des Tumors auf antineoplastische Chemotherapie über den Ausgang der Krankheit (Stewart et al. 1989).

4.2.3 Therapie des Ovarialkarzinoms

Prinzipiell wird das Ovarialkarzinom primär operativ behandelt. Die Radikaloperation nach intraoperativer Schnellschnittdiagnose besteht in der einfachen Hysterektomie unter Mitnahme beider Adnexe, der Netzresektion, Appendektomie sowie der Ausräumung der iliakalen Lymphknoten (evtl. auch der paraortalen Lymphknoten, wobei hierfür ein therapeutischer Effekt noch nicht schlüssig bewiesen wurde). Eingeschränkte Operationsverfahren betreffen junge Patientinnen mit dringendem Reproduktionswunsch (einseitige Ovarektomie mit kontralateraler Probeexzision. Eine erweiterte Radikalität (Darmresektion) resultiert aus isolierten, gut operablen Tumoren. Bei primärer Inoperabilität aufgrund des Lokalbefunds sollte eine neoadjuvante Chemotherapie einer möglichen späteren Operation vorangestellt werden, z.B. 3 Zyklen Epirubicin und Cisplatin. Mit Ausnahme der Stadiums T1a sollte jede Patientin chemotherapeutisch nachbehandelt werden (Bender 1984; Heidenreich et al. 1975; Gerschenson et al. 1989). Eine Strahlentherapie kommt nur noch vereinzelt in Betracht. Neuerdings erscheint es bei hormonabhängigen Tumoren auch möglich, mit LH-RH-Agonisten postoperativ additiv zu therapieren.

4.2.4 Nachsorge

Als Methoden der Nachsorge gelten klinische Untersuchungen, Computertomographie, Sonographie und evtl. Urographie. Von besonderem Wert ist im Monitoring die Überprüfung des chemotherapeutischen Therapieeffekts durch Bestimmung der Tumormarker, sowie die Immunszintigraphie.

4.3 Trophoblastneoplasien

In den USA und Europa wird eine Molenschwangerschaft auf 1200 ausgetragenen Schwangerschaften beobachtet, in Asien ist das Verhältnis 1:100120. Etwa 80% der Trophoblastneoplasien sind reine Molenschwangerschaften ohne Persistenz, bei 10–15% handelt es sich um invasive Molen. Nur in 5% der Fälle entwickelt sich ein Chorionepitheliom. Die Epidemiologie trägt wenig zur Ursachenklärung oder Abgrenzung von Risikogruppen bei.

4.3.1 Therapie

Bei normalen Blasenmolen ist die Kürettage Diagnostik und Therapie zugleich, invasive Blasenmolen werden danach engmaschig beobachtet. Die Therapie der Wahl beim Chorionepitheliom ist die Chemotherapie, nur in seltenen Fällen muß wegen Persistenz oder persistierender Blutungen operiert werden.

4.3.2 Nachsorge

Klassische Form der Nachsorge ist das Monitoring mittels β-HCG und SP_1-Bestimmung. Ultraschall, Röntgendiagnostik des Thorax und Computertomographie komplettieren die Palette.

4.4 Mammakarzinom

Die Brustdrüse ist heute die häufigste Organlokalisation maligner Neubildungen der Frau. Darüber hinaus stellt das Mammakarzinom mit 15,6% die häufigste tumorbedingte Todesursache dar. Sowohl Morbidität als auch Mortalität steigen. Verhältnismäßig stark steigt der Anteil prämenopausaler Patientinnen. Darin zeigt das Mammakarzinom ein inverses Verhalten zu anderen Organkrebsen. Eine besonders niedrige Inzidenz ist in Japan zu verzeichnen, eine hohe in vielen europäischen Ländern und Nordamerika. In den USA liegt die Inzidenz bei über 300/100 000, in Norwegen bei über 200/100 000, in Deutschland bei etwa 75/100 000, während Japan bei unter 20/100 000 liegt. Für das Mammakarzinom bestehen eindeutige Zusammenhänge mit endokrinen Faktoren. So ist dieser Tumor selten bei frühen Kastratinnen; gleichzeitig erhöht sich das Risiko, je länger die Geschlechtsreife dauert. Je früher ein Partus erfolgt und je häufiger und länger gestillt wurde, desto geringer ist das Risiko. Das führt zur Gestagenmangel- und Östrogenhypothese der Entstehung des Mammakarzinoms. Gleichzeitig wird aber auch eine Östrogen-Androgen-Dysbalance vermutet. Eine Hyperprolaktinämie stellt einen ungünstigen prognostischen Parameter dar.

Bisher gelang es aber nicht, das entsprechende endokrine Milieu dafür zu definieren. Das ist um so schwieriger, je länger die Latenzphase ist und das eigentliche pathogene Geschehen sehr viel früher als das Erkrankungsdatum liegt. Es scheint so zu sein, daß für die Entstehung des prä- und des postmenopausalen Mammakarzinoms zwei unterschiedliche Risikophasen existieren. Je länger die anovulatorische Zeit nach der Menarche ist um so höher sei das Risiko, vor der Menopause an einem Mammakarzinom zu erkranken. Das ist die Phase der Differenzierung der Brustdrüse. Insofern wirkt sich eine frühe Gravidität protektiv aus. Ähnliches gilt für die anovulatorische Phase in der Perimenopause bzw. im Klimakterium. Zusammen mit einer extraglandulären Östrogenproduktion im Fettgewebe (Adipositas) gilt diese als zweite Risikophase. Diese Hypothese könnte auch dadurch belegt werden, daß durch die Einnahme von hormonellen Antikonzeptiva das relative Risiko, an einem Mammakarzinom zu erkranken, verringert wird. Östrogene führen selbst nicht zu karzinomatösem Wachstum.

Weiterhin sind hereditäre Faktoren für die Entstehung eines Mammakarzinoms bedeutsam. So beträgt das durchschnittliche Risiko für Töchter, deren Mütter an einem Mammakarzinom erkrankt sind, 6%. Neuerdings wird auch eine Rolle der Retroviren in der kausalen Genese des Mammakarzinoms diskutiert (Abb. 4.4).

4.4.1 Risikofaktoren

Eine Auswahl von Risikofaktoren und ihre Auswirkung auf die Erhöhung des relativen Risikos ist in Tabelle 4.5 dargestellt.

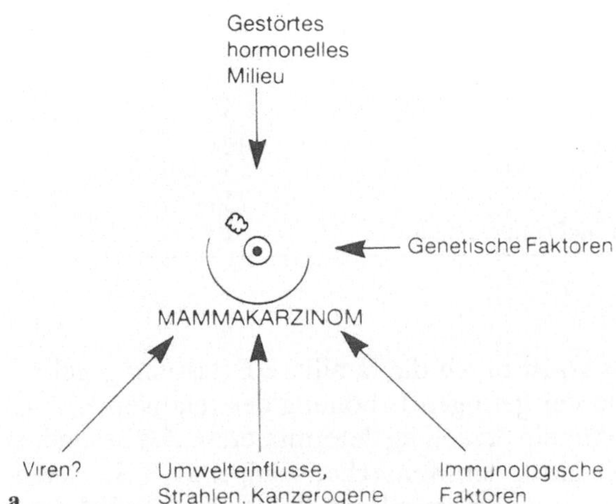

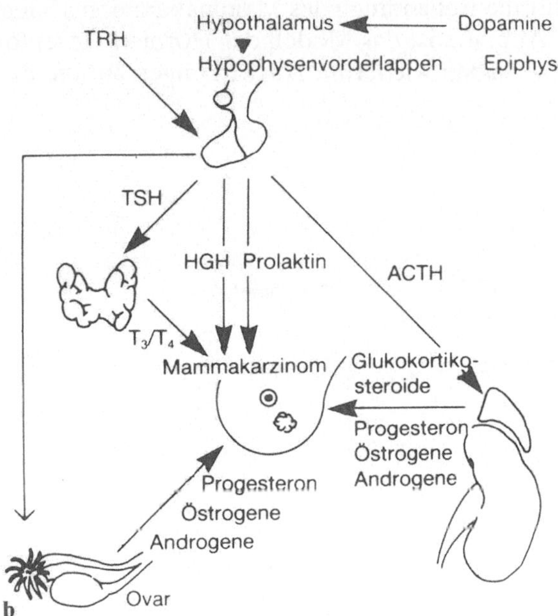

Abb. 4.4a, b. Einflußfaktoren auf die kausale Genese des Mammakarzinoms. (Aus Schildberg u. Kiffner 1985)

Tabelle 4.5. Risikofaktoren für das Mammakarzinom und damit verbundenes relatives Erkrankungsrisiko

Risikofaktoren	Relatives Risiko
Nullipara	1,5–2,3
Späte Geburt	3
Frühe Menarche	2
Späte Menopause	2
Adipositas	2 –3
Mammakarzinom der anderen Seite	>10
Mammakarzinom in der Familie	2 –9
Atypische Mastopathie	3,6
Alleinige Östrogenbehandlung in der Postmenopause	2

Ein besonders hohes Risiko ist durch die familiäre Belastung gegeben. Allerdings läßt sich aufgrund der geringen Erhöhung des relativen Risikos keine eindeutige Zielgruppe für ein Screening determinieren. Als besonders risikoreich gelten ein früher Eintritt der Menarche, weniger als 3 Geburten, keine Stillperiode, späte Entbindung, familiäre Belastung, proliferative Mastopathie.

Besondere Bedeutung für die Behandlung des Mammakarzinoms haben die Hormonrezeptoren. In Abb. 4.5 ist das Modell der Hormon-Rezeptor-Interaktion dargestellt. Diese haben wiederum Auswirkungen auf die Prognose.

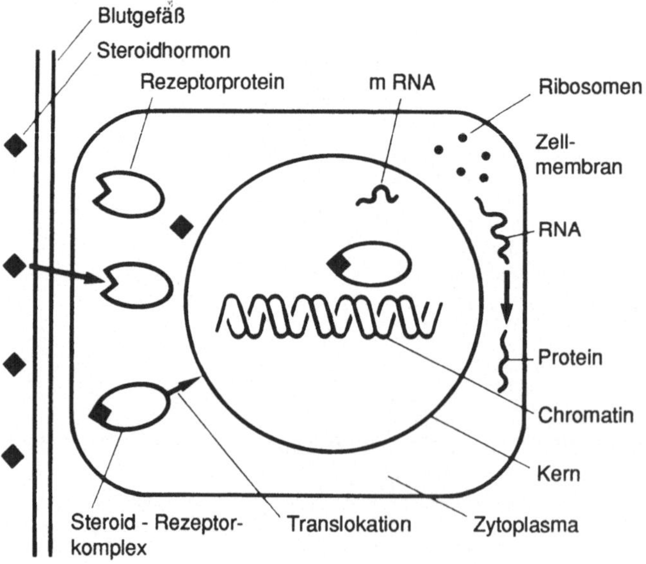

Abb. 4.5. Steroidhormonwirkung

Tabelle 4.6. TNM-Klassifikation des Mammakarzinoms

TNM-Kategorie		Definition	Postoperative Klassifikation	
Tis		Carcinoma in situ		
T1		≤2 cm		
	T1a	≤0,5 cm		
	T1b	>0,5 bis 1 cm		
	T1c	>1 bis 2 cm		
T2		>2 bis 5 cm		
T3		>5 cm		
T4		Brustwand/Haut		
	T4a	Brustwand		
	T4b	Hautödem/Ulzeration, Satellitenknoten der Haut		
	T4c	a und b		
	T4d	Entzündliches Karzinom		
N1		Beweglich axillär	pN1	
			pN1a	Nur Mikrometastasen ≤0,2 cm
			pN1b	Makrometastasen
				I 1–3 Lymphknoten, >0,2 bis <2 cm
				II ≥4 Lymphknoten, >0,2 bis <2 cm
				III Kapsel durchbrochen, <2 cm
				IV ≥2 cm
N2		Fixiert axillär	pN2	
N3		Mammaria interna, supraklavikulär, infraklavikulär	pN3	

4.4.2 Prognostische Faktoren

Die Prognose des Mammakarzinoms wird wesentlich von der Größe des Lokalbefunds sowie von regionalen und Fernmetastasierung bestimmt. Tabelle 4.6 zeigt die TNM-Klassifikation des Mammakarzinoms. Ebenfalls ist bekannt, daß schlecht differenzierte Mammakarzinome pro Stadium eine um etwa 15–17% schlechtere Prognose haben als gut differenzierte Karzinome. Lobuläre invasive Karzinome sollen prognostisch günstiger sein als intraduktale invasive Typen. Niedriger zellulärer Differenzierungsgrad, hohe Proliferationskinetik und negativer Rezeptorstatus sind allgemein schlechte Prognosekriterien für das Mammakarzinom.

Ähnlich wie bei anderen Karzinomen ist der regionäre Lymphknotenbefall ein besonders ungünstiges Prognosekriterium. Bei Patientinnen mit Befall von mehr als 3 axillären Lymphknoten ist die Prognose pro Stadium um 30–20% reduziert. Besonders bei prämenopausalen Frauen mit einem Mammakarzinom zeigen die regionären Lymphknoten häufig eine Metastasierung. Jedoch hat der Menopausenstatus bei gleichen Prognosekriterien keinen Einfluß auf das Überleben.

Tabelle 4.7 zeigt unsere Erfahrungswerte für Rezidivhäufigkeit und Überleben entsprechend dem Lymphknotenstatus. Gleichzeitig ist aus unserem Material kein Einfluß der Tumorlokalisation für die Prognose abzusehen. Tabelle 4.8 zeigt Stadium und Lymphknotenbefall.

Zusammenfassend kann festgestellt werden, daß die Hauptprognosekriterien für das Mammakarzinom

1) das Tumorstadium in Kombination mit dem Tumorgrading,
2) der Lymphknotenbefall und der Rezeptorstatus

sind (Fleige et al. 1989; Good 1972; Henry et al. 1988).

Den Zusammenhang von Rezidivwahrscheinlichkeit, Rezeptor- und Lymphknotenstatus zeigt Abb. 4.6.

4.4.3 Therapie

Es gibt derzeit keine Standardtherapie des Mammakarzinoms. Leider ist es immer noch so, daß das Mammakarzinom von verschiedenen Fachdisziplinen – Gynäkologen und Chirurgen – „beansprucht" wird, die entsprechend ihrer therapeutischen Verankerung unterschiedliche Denkmodelle bevorzugen.

Allgemein dürfte sich das stadienadaptierte konservative operative Vorgehen durchsetzen, das wiederum entsprechende Zusatztherapien nach sich zieht (Steinke 1988). Man muß davon ausgehen, daß das Mammakarzinom nicht sehr lange regional begrenzt bleibt, sondern schon frühzeitig sowohl regionale wie auch Fernmetastasen setzt. Die Zusatztherapien richten sich nach Menopausenstatus und Rezeptorgehalt sowie nach der Fernmetastasierung. Bis heute ist noch unklar, ob die lokale Bestrahlung der brusterhaltend operierten Mamma für das Überleben eine Verbesserung darstellt oder nur der Beruhigung des Operateurs dient, somit Lokalrezidive zu verhindern. Im Stadium T1 N0 hat sich die Lumpektomie oder Quadrantenresektion mit axillärer Lymphknotendissektion wohl durchgesetzt. Sie wird postoperativ durch eine lokale Strahlentherapie ergänzt. Im Stadium II wird allgemein die Ablatio mammae bis auf die Pectoralisfaszie und die axilläre Lymphknotenentfernung bis zur A. und V. axillaris durchgeführt. Sollte der M. pectoralis in das Karzinom einbezogen sein, muß der Muskel ebenfalls reseziert werden. Gleiches Vorgehen wird im Stadium III und IV empfohlen (Fodor et al. 1988).

Neuerdings gibt es Studien zur neoadjuvanten Chemotherapie der fortgeschritteneren Stadien zur Reduktion der Tumormasse vor einer Operation.

Eine hormonelle Zusatztherapie erfolgt bei Lymphknotenbefall in der Menopause entsprechend dem Rezeptorstatus, wogegen in der Prämenopause die antineoplastische Chemotherapie in verschiedenen Kombinationen angewandt wird. Die Therapieplanung hat in jedem Fall individuell und unter Berücksichtigung aller Prognosekriterien zu erfolgen, um den größten Nutzen für die Patientin zu erreichen, ohne in Polypragmasie zu verfallen.

Tabelle 4.7. Lokalisation, Rezidiv- und Überlebensrate in % in Korrelation zum Lymphknotenstgatus. *N+* Lymphknoten befallen, *N–* Lymphknoten frei

	Lateraler Sitz		Medialer Sitz		Zentraler Sitz	
	5 Jahre	10 Jahre	5 Jahre	10 Jahre	5 Jahre	10 Jahre
Rezidivrate						
N+	62,2	74,3	61,0	75,3	62,4	79,1
N–	21,3	25,1	22,1	29,1	15,3	18,4
Überlebensrate						
N+	52,4	29,4	54,3	26,3	55,7	24,3
N–	85,4	58,9	84,1	29,3	85,1	61,0

Tabelle 4.8. Stadium und Lymphknotenbefall (*N+*) in %

Stadium	N+	
	n	[%]
I (n = 135)	13	(12,1)
II (n = 113)	58	(56,3)
III (n = 73)	38	(64,0)
IV (n = 10)	8	(80,0)

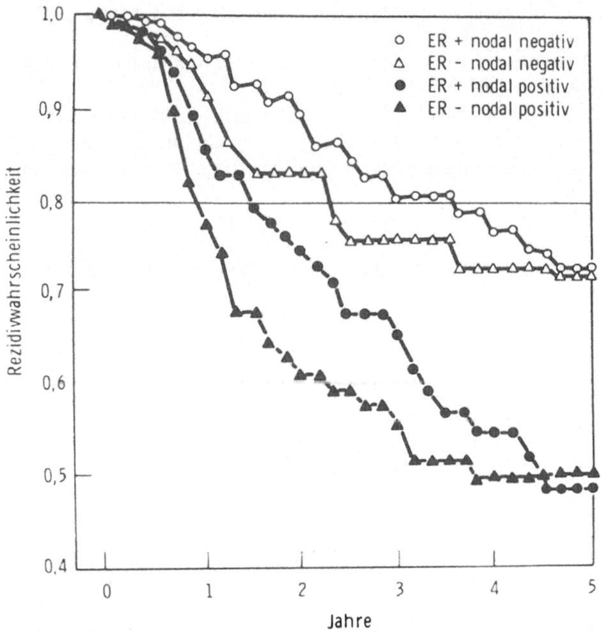

Abb. 4.6. Rezidivrate beim Mammakarzinom in Korrelation zu Rezeptorstatus und Lymphknotenbefall

4.4.4 Nachsorge

In der Nachsorge stehen zur Metastasensuche Mammographie, Sonographie, Computertomographie, konventionelles Röntgen sowie biochemische und immunologische Marker zur Verfügung (Meinen u. Weih 1989; Scharl et al. 1989).

Geteilter Meinung ist man, ob die Skelettszintigraphie in ein Routinenachsorgeprogramm gehört. Uns erscheint es aber sinnvoll, eventuelle Knochenmetastasen zu erfassen, besonders dann, wenn es sich um isoliert liegende, einer eventuellen chirurgischen Therapie zugängliche Metastasen handelt. Die Immunszintigraphie sollte Ausnahmefällen vorbehalten bleiben.

Literatur

Andersen J, Poulsen HS (1988) Relationship between estrogen receptor status in the primary tumor and its regional and distant metastases: an immunohistochemical study in human breast cancer: Dept Exp Clin Oncol, Radiumstationen, Aarhus. Acta Oncol 27:761–765

Anderson MC (1985) The pathology of cervical cancer. Clin Obstet Gynecol 12:87–92

Ashby MA, Smales E (1982) Invasive carcinoma of the cervix in young women: clinical data and prognostic factures. Radiother Oncol 10:167–174

Averette HE, Nelson JH, Ng ABP, Hoskins JG, Boyce WJ, Ford JH (1978) Diagnosis and management of microinvasive carcinoma of the uterine cervix. Cancer 38:414–419

Ayionamitis A (1987) The epidemiology of cancer of the uterine cervix in Canada 1931 to 1984: Am J Obstet Gynecol 156:1075–1080

Bajardi D, Burkhardt E (1957) Ergebnisse von histologischen Serienschnittuntersuchungen beim Carcinoma colli. Arch Gynäkol 189:92–100

Balzer J, Lohe DJ, Köpcke W, Zander J (1982) Histological creteria for the prognosis in patients with operated squamous all carcinoma of the cervix. Gynecol Oncol 13:184–194

Bauknecht T (1984) Die klinische Bedeutung membranständiger Rezeptoren bei Ovarialkarzinom. Onkologie 7 [Suppl 2]:54–57

Bender HG (1984) Gynäkologische Onkologie für die Praxis. Thieme, Stuttgart

Blichert-Toft M, Brincker H, Andersen JA et al. (1988) A Danish randomized trial comparing breast-preserving therapy with mastectomy in mammary carcinoma: preliminary results. Acta Oncol 27:671–677

Burghardt E, Hofmann HMH, Ebner F, Haas J, Tamussino K, Justich E (1989) Magnetic resonance imaging in cervical cancer: a basis for objective classification. Gynecol Oncol 33:61–67

Bychkow V, Chejfec G (1984) Immuncytochemical localisation of antibodies in normal, dysplastic and neoplastic cervical epithelium. Gynecol Obstet Invest 18:1–5

Carmichael JA, Clarke DH, Moher D (1986) Cervical carcinoma in women aged 34 and younger. Am J Obstet Gynecol 154:264–269

Chambers JT, Merino MJ, Kohorn EI, Schwartz PE (1988) Boderline ovarian tumors. Am J Obstet Gynecol 159:1088–1094

Chassard JL, Gerard JP, Bobin JY, Bailly C (1976) La lymphographie dans le cancer du col uterin. Les resultats de la confrontation anatomo radiologique apres lymphadenectomie (164 cas). Ann Radiol (Paris) 19:647–654

Creasman WT, Rutledge F (1974) Ist eine positive Lymphadenopathie eine Kontraindikation für einen radikalen chirurgischen Eingriff bei Cervixkrebsrezidiven? Gynecol Oncol 2:482–485

Dombernowsky P, Brincker H, Hansen M et al. (1988) Adjuvant therapy of premenopausal and menopausal high-risk breast cancer patients. Present status of the Danish Breast Cancer Cooperative Group Trials 77-B and 82-B. Acta Oncol 27:691–697

Ebeling K, Nischan P (1986) Screening auf Zervixkarzinom in der DDR. – Ein Fortschrittsbericht. Z Ärztl Fortbild (Jena) 80:278–305

Emons G, Pahwa GS, Brack C, Sturm R, Oberheuser F, Knuppen R (1989) Gonadotropin releasing hormone binding sites in human epithelial ovarian carcinomata. Eur J Cancer Clin Oncol 25:215–221

Engel K, Müller A, Anton W, Kaufmann M, Fournier D von, Schmidt W (1989) Nebenwirkungen und Komplikationen bei der brusterhaltenden Therapie des Mammakarzinoms. Geburtshilfe Frauenheilkd 49:367–374

Ewertz M (1988) Risk factors for breast cancer and their prognostic significance. Acta Oncol 27:733–737

Fish CR (1974) Intraepitheliale Cervixneoplasie: Grundprinzip der Untersuchung und Behandlung. Med Clin North Am 58:743–753

Fleige B, Pickartz H, Stein H (1989) Vergleich des Rezeptor-Gehaltes und der Wachstumsfraktion von Mammakarzinomen und deren axillären Lymphknotenmetastasen. Pathologe 10:12–15

Fodor J, Svastics E, Gyenes G, Besznyák I (1988) Radiotherapy alone or in combination with surgery in the management of stage III breast cancer. Acta Chir Acad Hung 29:287–297

Fritsche HA, Freedman RS, Liu F et al. (1982) A surwey of tumor markers in patients with squaous cell carcinoma of the uterine cervix. Gyn Oncol 14, 230–235

Fu YS, Reagan JW, Richart RM (1981) Definition of precursors. Gynecol Oncol 12:222–225

Gershenson DM, Kavanagh JJ, Copeland LJ, Stringer CA, Morris M, Wharton JT (1989) Re-treatment of patients with recurrent epithelial ovarian cancer with cisplatin-based chemotherapy. Obstet Gynecol 73:798–802

Geyer H, Teufel G, Gregorio G, Pfleiderer A (1984) Steroidhormon. Rezeptoren beim Ovarialkarzinom und ihre klinische Bedeutung. Onkologie 7 [Suppl 2]:44–52

Good RA (1972) Relations between immunity and malignancy. Proc Natl Acad Sci USA 69:1020–1032

Heidenreich P, Mestwerdt W, Török M (1975) Zur Therapie des Ovarialkarzinoms im Stadium Ia. Zentralbl Gynäkol 97:791–797

Henry JA, Nicholson S, Farndon JR, Westley BR, May FEB (1988) Measurement of oestrogen receptor mRNA levels in human breast tumours. Br J Cancer 58:600–605

Johanson TS, Adelson MD, Sneige M, Williamson KD, Lee AM, Katz R (1987) Cervical carcinoma DNA content, S-fraction and malignancy grading. Gynecol Oncol 26:41–56

Kay CR, Hannaford PC (1988) Breast cancer and the pill – a further report from the Poyal College of General Practitioners oral contraception study. Br J Cancer 58:675–680

Kjellgren O (1977) Mass screening in Sweden for cancer of the uterine cervix. Acta Obstet Gynecol Scand [Suppl] 67:5

Kjorstad KE (1977) Carcinoma of the cervix in the young patients. Obstet Gynecol 50/1:28–30

Köhler G, Milstein C (1975) Continuous cultures of fused cell secreting antibodies of predifinated specifity. Nature (London) 256:495–497

Kubista E, Kucera H, Kupka S (1977) Das intraepitheliale Karzinom der Cervix uteri bei jungen Frauen. Geburtshilfe Frauenheilkd 37:47–51

Lang N (1986) Epidemiologie und Früherkennung des Kollumkarzinoms. Strahlentherapie 162:667–670

Lasnik E, Breitenecker G (1987) Invasive cervical carcinoma despite routine cytological screening. Geburtshilfe Frauenheilkd 47:555–557

Leitsmann H, Bilek K (1978) Histologisch-lymphographische Befunde beim Carcinoma Cervices Uteri Stadium IA. Zentralbl Gynäkol 11/15:967–970

Majewski A, Börner P, Heidenreich W, Mestwedt W, Spilker R (1977) Zur optimalen Therapie des Carcinoma in situ der Portio. Geburtshilfe Frauenheilkd 37:198–206

Masubuchi K (1978) Diagnostik und Therapie des Uteruskarzinoms am Cancer Institute Hospital Tokyo. Fortschr Med 96:341–345

Meinen K, Weih EH (1989) Verlaufskontrollen bei nodal negativen Patientinnen mit Mammakarzinom. Zentralbl Gynäkol 111:19–28

Menczer J, Ben-Baruch G, Modan M, Brenner H (1989) Second-look laparotomy in ovarian carcinoma patients after 8 and after 12 courses of cisplatin-based chemotherapy. Gynecol Obstet Invest 27:102–104

Moebius G (1977) Zum biologischen Verhalten des Carcinoma in situ der Cervix uteri. Zentralbl Allg Pathol 121:4–5

Moser K, Stader A (1981) Chemotherapie maligner Erkrankungen. Deutscher Ärzte-Verlag, Köln

Negri E, La Vecchia C, Bruzzi P et al. (1988) Risk factors for breast cancer: pooled results from three Italian case-control studies. Am J Epidemiol 128:1207–1215

Pelle D (1970) Zellphysiologie des Stoffwechsels. In: Hen G (Hrsg) Konstanzer Universitätsreden. Universitätsverlag, Konstanz 1970

Preis P (1987) Onkogene. Wien Klin Wochenschr 99:37–49

Reid R, Stanhope R, Herschman BR, Booth E, Phibbs GD, Smith JP (1982) Genital warts and cervical cancer. Cancer 50:377–383

Rosat E, Wallach RC (1983) Clinical and pathologic findings at secound-look surgery for ovarian carcinoma. Eur J Gynecol 4/3:175–181

Russel JM, Blair V, Hunter RD (1987) Cervical carcinoma: prognosis in younger patients. Br Med J 295:300–303

Ryttov N, Holm NV, Qvist N, Blichert-Toft M (1988) Influence of adjuvant irradiation on the development of late arm lymphedema and impaired shoulder mobility after mastectomy for carcinoma of the breast. Acta Oncol 27:667–670

Scharl A, Bierbuchen M, Würz H (1989) Immunhistochemischer Nachweis von Östrogen- und Progesteronrezeptoren beim Mammakarzinom mit Hilfe monoklonaler Antikörper: Vergleich mit der biochemischen Rezeptoranalyse. Pathologe 10:31–38

Schieder K, Bieglmayer C, Kölbl H (1989) Über die Hormonabhängigkeit maligner Ovarialtumoren – ein in-vitro Modell. Geburtshilfe Frauenheilkd 49:437–441

Schildberg FW, Kiffner E (Hrsg) (1985) Interdisziplinäre Therapie des Mammakarzinoms. perimed, Erlangen

Schmitt K, Schäfer H (1977) Intraepitheliale Ausbreitung des Plattenepithelkarzinoms der Zervix uteri auf das Corpusendometrium. Z Krebsforschung 89:45–52

Schnürch H-G, Ellerbrok G, Bender HG, Beck L (1989) Vergleichende Untersuchung zum Prognose-Gehalt von Grading und Morphometrie bei Mammakarzinomen. Pathologe 10:97–102

Schrage R (1987) Anteil der Krebsfrüherkennung an der Diagnose der Krebserkrankung. Frauenarzt 28:29–33

Silverbery SH, Kurt WH (1975) Minimal deviation adenocarcinoma. J Obstet Gynecol 121:971

Stanhope CR, Smith JP, Wharton JT et al. (1980) Carcinoma of cervix: the effect of age on survival. Gynecol Oncol 10/2:188–193

Stauch G, Lellé RJ, Broermann L, Gerogii A (1988) Comparison of prognostic factors in breast cancer: grading of malignancy according to Bloom and Richardson versus determination of Ki 67 growth fraction. Verh Dtsch Ges Pathol 72:256–259

Steinke B (1988) Grundzüge der Therapie des Mammakarzinoms. II. Das metastasierende Mammakarzinom. Med Welt 39:1491–1496

Steinke B, Schmidt B, Neeser E (1988) Grundzüge der Therapie des Mammakarzinoms. I. Das primäre, klinisch lokoregionär begrenzte Mammakarzinom. Med Welt 39:1460–1463

Stewart JSW, Hird V, Sullivan M, Snook D, Epenctos AA (1989) Intraperitoneal radioimmunotherapy for ovarian cancer. Br J Obstet Gynecol 96:529–536

Strang P, Lindgren A, Frantendal B, Stendahl U (1988) DNA patterns and aggressive histopathologic features in 150 patients with cervical cancer. Int J Gynecol Pathol 7:56–63

Thigpen JT, Vance RB, Lambuth BW (1988) Ovarian carcinoma: the role of chemotherapy. Semin Oncol 15 [Suppl 3]:16–23

TNM-Klassifikation bösartiger Tumoren (1989). Akademie-Verlag, Berlin

Wienold J, Sarembe B, Richter P (1989) Therapy and course of 105 borderline tumours of the ovary. Zentralbl Gynecol 111:721–727

Wöhlke G, Möbius G (1989) Rezidiv nach Operation eines Mammakarzinoms oder Zweiterkrankung de novo? Pathologe 10:93–96

Woodruft MFA (1980) The interaction of cancer and host; its therapeutic significance. Gruner & Stratton, New York

Worren BA (1981) Cancer all-endotheliae reactions: The microinjury hypothesis and localised thrombosis in the formation of micrometastasis. In: Donati MB, Daridson JF, Garaltin S (eds) Malignancy and the hemostatic system. Raven, New York, 410–428

Zornoza J, Lukeman JM, Jing BS et al. (1977) Percutaneous retroperitoneal lymph node biopsy in carcinoma of the cervix. Gynecol Oncol 5/1:43–51

5 Kurze Darstellung der Tumorimmunologie

Die meisten der heute verwendeten Tumormarker sind Immunparameter, die dem Nachweis spezifischer Tumorantigene dienen. Die Bildung dieser resultiert aus der Änderung der Antigenität und des Immunsystems. Häufig resultiert aus der Änderung der Immunitätslage ein Abfall von Lymphozyten und damit von deren Subpopulationen der T- und B-Zellen. Histologische Veränderungen der Invasionsfront im Gewebe mit reduzierten Lymphozytenzahlen im Randraum sprechen bei besonders aggressiven Tumortypen für eine lokal herabgesetzte Immunität und sind prognostisch ungünstig zu werten. Monoklonale Antikörper gegen tumorassoziierte Antigene haben sich sowohl in der In-vitro- wie auch inder In-vivo-Diagnostik etabliert. Nachgedacht wird heute über deren therapeutische Anwendbarkeit, wobei sich die größten Probleme aus der Kopplung des Antikörpers mit dem Liganden ergeben.

Aus dem Wissen um die Bedeutung lymphozytärer und eosinophiler Randsäume um Tumoren ergab sich mit der Möglichkeit der genaueren serologischen Definition des Immunstatus auch ein konkreterer Kenntnisstand hinsichtlich der Bedeutung der Immunität für die Tumorprogression als Ausdruck der Auseinandersetzung innerhalb des Systems Tumor/Patient.

Dabei ist unklar, wie sensibel das Immunsystem die Tumorentstehung bereits in einer Phase „erkennen“ kann, in der die Mobilisierung der Abwehr des Systems noch möglich und eine Vernichtung der sich entwickelnden Zellen wahrscheinlich ist. Dazu werden verschiedene Hypothesen diskutiert (Old 1977; Lynch u. Kaplan 1974; Humphrey et al. 1980).

1) Die Sensibilität des Immunsystems ist so gering, daß es die Entwicklung des Tumors aus einer transformierten Zelle in der Initialphase nicht erkennen kann; die Antigenität der Zelle ist so gering, daß Veränderungen der Zelloberfläche vom Immunsystem nicht erkannt werden. Wenn das Immunsystem den Tumor erkennt, ist dieser bereits so groß, daß eine effektive Abwehr bzw. Vernichtung nicht mehr möglich ist.
2) Durch die hohe Wachstumsrate des Tumors und die damit verbundene Expression von Tumorantigenen werden die Antikörper blockiert und die Erkennung verhindert.
3) Nach primärer Erkennung der Tumorantigene durch das lymphozytäre System erfolgt eine Antigenmodulation, wodurch sich die Tumorzellen der Immunabwehr entziehen können.
4) Bildung blockierender Antikörper, die die körpereigene Abwehr hemmen können (Anderson 1982).

5) Besonders bei virusinduzierten Karzinomen (evtl. beim Zervixkarzinom und beim Mammakarzinom) kann sich durch eine Virusexposition in der Neonatalphase (Übertragung von HPV von der Mutter auf das Kind durch Entbindung) eine Toleranz gegen das Virusantigen entwickeln, was dazu führt, daß die maligne Transformation der Zelle durch virale Infektion nicht mehr zu erkennen ist (Old 1977). Experimentell konnte das für ein Virus, das bei den Maus Mammatumoren hervorruft, nachgewiesen werden.

Hinweise auf die zelluläre Abwehrlage liefert die Bestimmung der Lymphozyten und ihrer Subpopulationen (Betzler u. Flad 1979). Häufig findet man erniedrigte T-Zellen und in etwa normale Zellzahlen für B-Lymphozyten.

Sichtbar wird die Minderung der immunologischen Abwehrlage häufig erst bei Makrokarzinomen und großen Tumoren über 5 cm Größe bzw. bei Metastasierung. Hauttests zur Feststellung einer Minderung der Immunabwehr sind nicht sensibel genug, um in der Frühphase des Tumorwachstums diagnostische Relevanz zu haben. Ebenfalls unklar ist, inwieweit durch Immunstimulation die Abwehr gegen den Tumor unterstützt werden kann.

In diesem Zusammenhang sei auf das komplizierte Zusammenspiel von T- und B-Lymphozyten in der Tumorabwehr hingewiesen. Durch zirkulierende Tumorantigene bzw. durch von Makrophagen transportierte Tumorzellfragmente werden die Informationen humoral fortgeleitet und die T-Zellen aktiviert. Je intensiver die Information ist, um so ausgeprägter ist die Aktivierung der entsprechenden Zellen. B-Zellen werden ebenfalls angeregt, sich zu vermehren. Durch den Kontakt der B-Zellen mit dem zirkulierenden Antigen und Anregung von Plasmazellen kommt es zur Produktion von IgM und IgG (Abb. 5.1).

Die folgenden Subpopulationen der T-Lymphozyten entwickeln spezifische Aktivitäten in der Tumorabwehr:

a) zytotoxische T-Zellen (Killerzellen), die direkt auf die Tumorzelle einwirken;
b) Helferzellen, die zu einer Antigenvermittlung an die B-Zellen fähig sind und dadurch deren Aktivität erhöhen;
c) Suppressorzellen führen zu einer Hemmung der Antikörpersynthese und greifen so regulierend in die immunologische Abwehr ein (evtl. Schutz vor Erschöpfung des Systems);
d) T-Zellen, die eine verzögerte Immunreaktion bewirken.

T-Lymphozyten fördern bzw. hemmen dosiert die Transformation von B-Lymphozyten in Plasmazellen und damit die Produktion von Immunglobulinen.

Von T-Zellen werden Lymphokine gebildet, deren bekanntestes das Interferon ist, desweiteren Wachstumsinhibitoren und zytotoxische Faktoren. Diese Immunmediatoren sind in den Ablauf der Immunreaktion als hemmende, stimulierende und übertragende Faktoren eingeschaltet. Die humorale Immunität wird durch die B-Lymphozyten bestimmt. Sie produzieren Antikörper. Damit wandelt sich der B-Lymphozyt in eine Plasmazelle um.

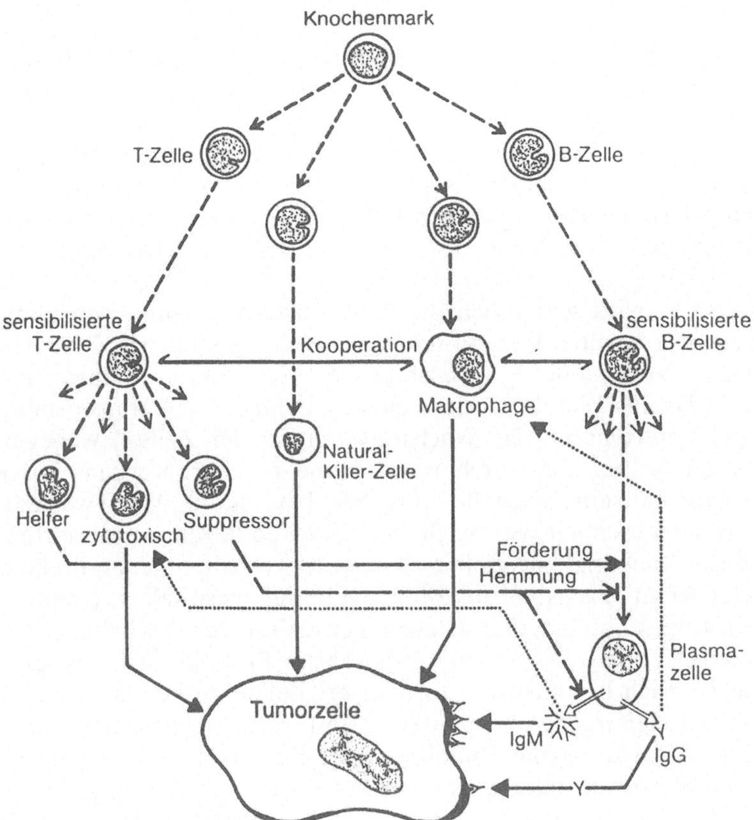

Abb. 5.1. Immunologische Mechanismen der Erkennung und Beeinflussung von Tumorzellen

Außerhalb dieses Systems scheinen sich die Natural-Killer- und die Killerzellen zu bewegen. Sie reagieren wahrscheinlich, ohne durch eine immunologische Struktur aktiviert worden zu sein. Sie greifen die Zellen direkt an und führen zur Zytolyse. Dabei geht der Stimulationsreiz wahrscheinlich direkt von der Tumorzelle aus. Killerzellen sind große Lymphozyten. Diese müssen, um ihre Aktivität entfalten zu können, also zytolytisch wirksam zu werden, mit entsprechenden Antikörpern bestückt werden. Letztendlich werden die zytolysierten Zellen von Makrophagen phagozytiert und abtransportiert. Nicht jedes Immunsystem reagiert so, daß es zu einer Auflösung von Tumorzellen kommt. Das Immunsystem wird durch individuelle Besonderheiten bestimmt, die wiederum genetisch determiniert sind. Davon hängt auch die Stärke der immunologischen Reaktion ab.

Wachstumsfaktoren

Möglicherweise stehen die Wachstumsfaktoren in Korrelation zum Immunsystem und die Beeinflussung desselben. Zügelloses Wachstum der maligne transformierten Zellen ist eines der schwerwiegenden Probleme bösartiger Tumoren. Dadurch werden lebenswichtige Funktionen des Gesamtorganismus gestört, wodurch der letale Ausgang begünstigt wird. Während das Wachstum ausdifferenzierter organspezifischer Zellen zentral reguliert wird, ist anzunehmen, daß diese Mechanismen bei karzinomatösem Wachstum gestört sind.

Das Wachstum wird wesentlich durch Wachstumsfaktoren bestimmt. Diese Faktoren werden über Rezeptoren an der Zelle gebunden und fördern die Zellteilung. Verschiedene Wachstumsfaktoren (EGF = epidermal growth factor, PDGF = platelet-derived growth factor, TGF = transforming growth factor) kontrollieren das Wachstum epithelialer Zellen, wogegen hämatopoetische Zellen u.a. durch Interleukine reguliert werden. Jeder Wachstumsfaktor hat seine spezielle Aufgabe (Tsao et al. 1982; Twaedzik et al. 1982). In Abwesenheit von Wachstumsfaktoren degenerieren normal ausdifferenzierte, nichtmaligne Zellen. Tumorzellen haben generell einen geringeren Bedarf an Wachstumsfaktoren, sie bilden diese selbst. Dadurch wird ihr Wachstum stimuliert, und sie entziehen sich so der Wachstumskontrolle (DeLarco u. Todaro 1978). Die sog. autokrine Produktion von Wachstumsfaktoren ist auch bei nichttransformierten Zellen zu beobachten. So produzieren etwa Helferzellen Interleukin 2 und werden gleichzeitig durch dieses stimuliert. Die autokrine Stimulation der Tumorzellen durch Eigenproduktion von Wachstumsfaktoren stellt allerdings eine unabhängige Funktion dieser Zellen dar. Die genetische Ursache für eine maligne Transformation wird in Protoonkogene (spezielle Gensequenz) gesehen. Diese steuern die Bildung von Proteinen, die das Wachstum regulieren bzw. disregulieren. So kodiert das Cis-Onkogen Teile des PDGF (Johnsson et al. 1984), das c-erb-B-Onkogen kodiert Teile des EGF-Rezeptorproteins (Downward et al. 1984).

Durch diese Eigenproduktion scheint die Tumorzelle autark in der Bereitstellung von Rezeptorproteinen für Wachstumsfaktoren und Interferon zur Stimulierung des Abwehrmechanismus zu sein.

Literatur

Anderson DE (1982) Die familiäre und genetische Prädisposition bei Erkrankungen der Brust. In: Frischbier HJ (Hrsg) Die Erkrankungen der weiblichen Brustdrüse. Thieme, Stuttgart

Betzler M, Flad HD (1979) Bedeutung tumorimmunologischer Teste in der Chirurgie. Chirurg 50:5–10

Bouillene C, Deneufbourg JM (1979) Positive correlation between breast cancer incidence and HLA antigens. Oncology 36:156–159

De Larco DE, Todaro GJ (1978) Growth factors from murine sarcoma virus-transformed cells. Proc Natl Acad Sci USA 75:4001

Downward J, Yarden Y, Mayės E, Scarce G et al. (1984) Close similarity of epidermal growth factors receptor and c-erb-B oncogene protein sequences. Nature (Lond) 307:521

Drews J (1979) Immunological surveillance against neoplasia. An immunological quandry. Hum Pathol 10:5–14

Franchimont P, Zangerle PF, Hendrich JC, Reuter A, Colin C (1977) Simultaneous assays of cancer associated antigens in benign and malignant breast diseases. Cancer 39:2806–2812

Glasgow AH, Nimberg RB, Menzeian JD, Saporoschatz J, Cooperband SR, Schmid K, Mennich JA (1974) Association of energy with an immunosuppressive peptide fraction in the serum of patients with cancer. N Engl J Med 291:1263–1267

Hellström J, Hellström KE (1971) The role of immunological enhancement for the growth of autochthonous tumors. Transplant Proc 1:721–724

Herfarth C (1979) Tumorimmunologische Erkenntnisse. Konsequenzen für die Chirurgie. Chirurg 50:1–4

Humphrey LJ, Singla O, Volenec FJ (1980) Immunologic responsiveness of the breast cancer patient. Cancer 46:893–898

Johnsson A, Heldin C-H, Wasteson A et al. (1984) The c-sis-gene encodes a precursor of the B-chain of platelet derived growth factor. EMBO J 3:921

Lynch HT, Kaplan AR (1974) Cancer genetic problems. Immunology of cancer. Proj Exp Tumor Res 19:333–352

Old LJ (1977) Cancer immunology. Sci Am 4:62–79

Pusztai-Markus Z (1979) Immunologische Probleme bei der radiologischen und cytostatischen Zusatzbehandlung des Mammakarzinoms. Fortschr Med 97:487–493

Tsao MC, Walthall BJ, Ham RG (1982) Clonal growth of normal human keratinocytes in a defined medium. J Cell Physiol 110:219

Twaedzik DR, Ranchalis JE, Todaro GJ (1982) Mouse embryonal transforming growth factors related to those from human tumor cells. Cancer Res 42:590

6 Prinzipien der immunologischen Tumormarkerbestimmung

Zur Bestimmung von Tumormarkern in Serum oder Plasma dienen Immunoassays als Verfahren, die die Spezifität einer Antigen-Antikörper-Reaktion mit der Empfindlichkeit von radiometrischen oder adäquaten nichtradioaktiven Meßmethoden vereinen. Verschiedene Varianten haben zunehmend zu noch höherer Empfindlichkeit und zugleich einfacherer Methodik geführt. Auf die methodischen Details soll hier nicht eingegangen werden, sondern lediglich auf die zugrundeliegenden Prinzipien.

6.1 Prinzip des RIA

Der klassische Radioimmunoassay (RIA) basiert auf einer Konkurrenz des zu bestimmenden Stoffes und des radioaktiven Tracers um nur begrenzt verfügbare Bindungsplätze eines entsprechenden Antikörpers. Je höher die Konzentration des zu bestimmenden Stoffes ist, desto weniger Tracer wird in der immunologischen Reaktion gebunden. Es besteht daher der in Abb. 6.1 dargestellte Zusammenhang zwischen dem Meßparameter B/BO (gebundene Radioaktivität der Probe normiert auf die des Nullstandards) und der Konzentration des zu bestimmenden Stoffes.

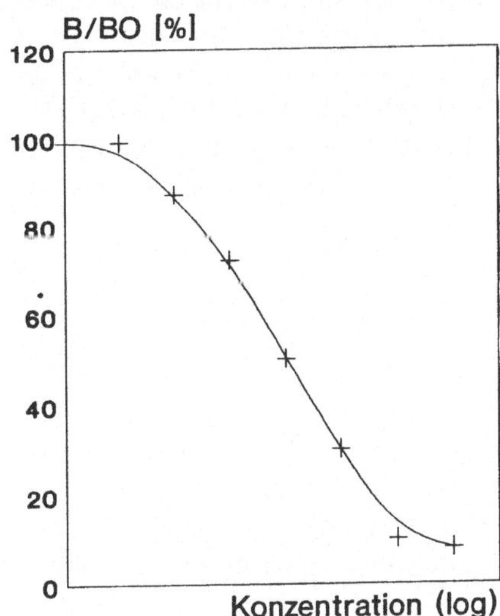

Abb. 6.1. Standardkurve eines RIA. Der Anteil antikörpergebundener Radioaktivität nimmt infolge der Konkurrenz um die Bindungspartner mit steigendem Tumormarkergehalt ab

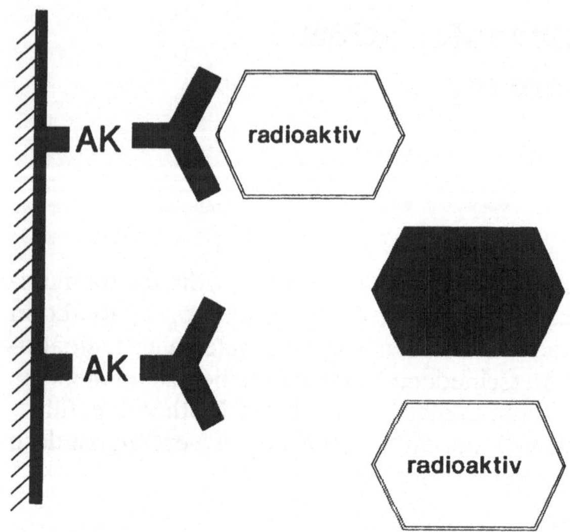

Abb. 6.2. Solid-phase RIA. Der „gebundene" Anteil der Tracermoleküle ist infolge der Festphasen-fixierten Antikörper sehr einfach vom „freien" Anteil abtrennbar

Wegen des nichtlinearen Zusammenhangs schließt jeder RIA-Testansatz eine Reihe von Standards ein, um die notwendige Kalibrierungskurve zu erhalten und zu verifizieren. In jedem Analyseansatz werden deshalb sowohl diese Standardproben als auch die Patientenproben und Kontrollproben mit Tracer und Antiserum inkubiert, gefolgt von einer Trennung der gebundenen und freien Radioaktivität, Radioaktivitätsmessung und Auswertung.

Aus ursprünglich zeit- und arbeitsintensiven Methoden sind heute leicht handhabbare Routinemethoden entstanden. Besonders anwenderfreundlich sind moderne Solid-phase-RIA, bei denen der Antikörper an einer festen Phase gebunden ist, z.B. in Form antikörperbeschichteter Teströhrchen („coated tubes"), beschichtet Kugeln etc. Dadurch vereinfacht sich der Trennvorgang, der sonst hauptsächlich eine zusätzliche, gegen den ersten Antikörper gerichtete Immunreaktion erfordert (Doppelantikörpermethode). Das Prinzip ist in Abb. 6.2 dargestellt.

6.2 Prinzip des IRMA

Der „immunoradiometric Assay" (IRMA) ist keine auf Konkurrenz beruhende Reaktion, sondern läßt sich als eine Art Titration des zu bestimmenden Antigens mit überschüssigem radioaktiven Antikörper beschreiben. Demzufolge steigt die Standardkurve mit zunehmender Antigenkonzentration, wie in Abb. 6.3 dargestellt, an.

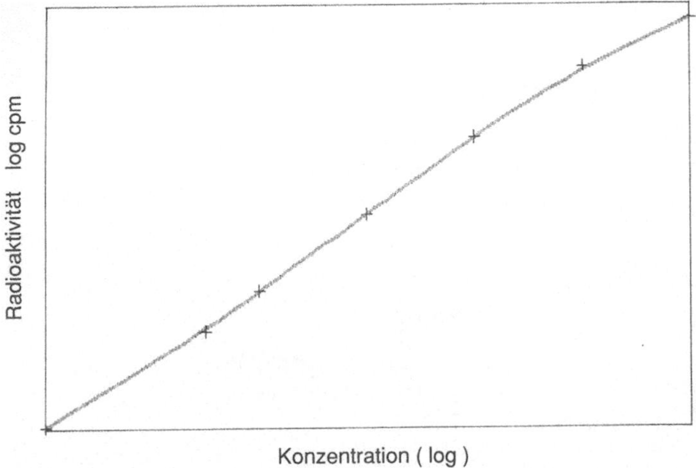

Abb. 6.3. Standardkurve eines IRMA. Bei der Reaktion des Tumormarkers mit einem Überschuß an radioaktivem Antikörper ergibt sich über einen breiten Meßbereich ein weitgehend proportionaler Zusammenhang zwischen gebundener Radioaktivität und Tumormarkerkonzentration

Diese Methode ist erst mit der Verfügbarkeit von monoklonalen Antikörpern in breitem Umfang anwendbar geworden. Zur eleganten Trennung des Antigen-Antikörper-Komplexes vom Antikörperüberschuß sowie zur Erhöhung der Spezifität führt eine Sandwichvariante mit zwei gegen das Antigen gerichteten Antikörpern, wie in Abb. 6.4 dargestellt.

Voraussetzung ist also eine zweite Bindungsstelle am Antigen, was bei den höhermolekularen Tumormarkern gegeben ist. Dieses Konzept ist beispielsweise bei der Bestimmung von CA 15-3 mit 2 monoklonalen Antikörpern üblich, die – im Überschuß vorhanden – einerseits gegen das Antigen MAM-6 aus menschlicher Milchfettglobulinmembran (MoAb 115) und andererseits gegen eine mit Membranen angereicherte Fraktion von menschlichen Mammakarzinomzellen (MoAb DF3) gerichtet sind. Der IRMA ist besonders empfindlich. Mitunter kann es zum High-dose-hook-Effekt kommen, wobei im Bereich sehr hoher Antigenkonzentration die Standardkurve nicht weiter ansteigt, sondern nach einem Maximum wieder abfällt. In diesem Bereich würden fälschlich zu niedrige Werte gemessen.

6.3 Prinzip nichtradioaktiver Immunoassays

Prinzip und Varianten nichtradioaktiver Immunoassays entsprechen dem RIA und IRMA; der Unterschied besteht in der Meßsignalgebung. Anstelle des Radionuklids im Antigen- oder Antikörpermolekül werden diese beim

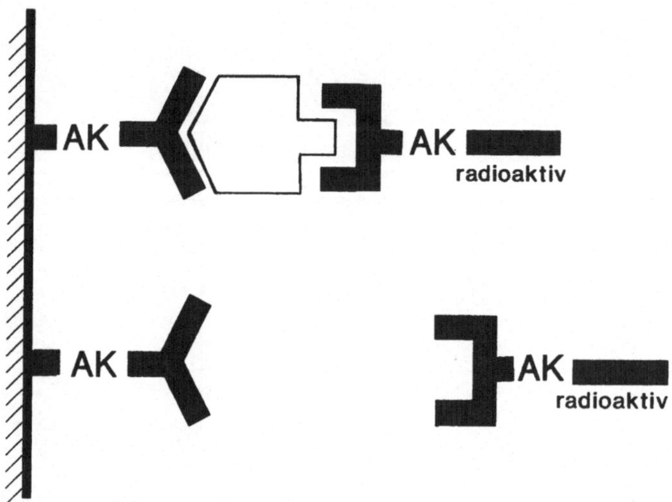

Abb. 6.4. Sandwich-IRMA. Zwei im Überschuß vorhandene spezifische Antikörper binden die Tumormarkermoleküle bei Nutzung der Solidphase-Technik

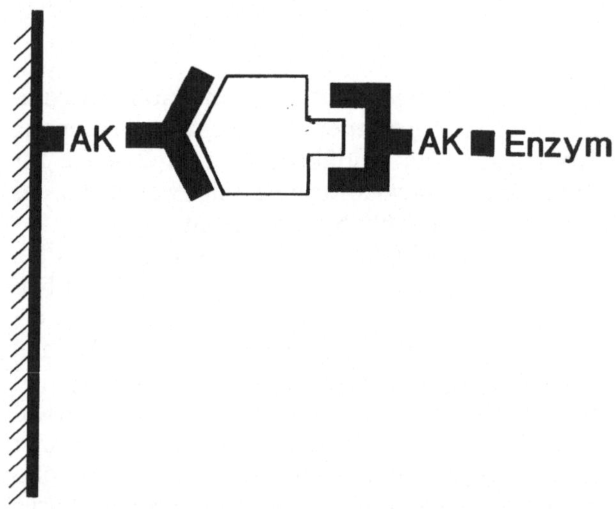

Abb. 6.5. Bindung des Tumormarkers beim nichtkompetitiven Sandwich-EIA. Der Aufbau des „gebundenen" Tracerkomplexes erfolgt wie beim Sandwich-IRMA. Anstelle des radioaktiv markierten Antikörpers fungiert ein „Konjugat" aus enzymgekoppeltem Antikörper

Enzymimmunoassay (EIA) mit einem Enzym, beim Fluoreszenzimmunoassay (FIA) mit einer fluoreszierenden Verbindung oder beim Lumineszenzimmunoassay (LIA) mit Luminogen gekoppelt. Inzwischen sind leistungsfähige, interessante Variationen und Kombinationen beschrieben und eingeführt worden (Abb. 6.5).

Enzymimmunoassays nach dem Sandwichprinzip werden bei der Bestimmung vieler Tumormarker eingesetzt. Nach Ablauf der immunologischen Reaktion und anschließender Entfernung des nichtgebundenen Konjugats folgt eine zweite Inkubation der Festphase mit Enzymsubstrat zur Erzeugung eines leicht meßbaren Produkts.

Im Unterschied zu den Isotopenmethoden gibt es bei Enzymimmunoassay und Lumineszenzimmunoassay auch die Möglichkeit, ohne Notwendigkeit eines Trennschrittes in homogener Phase zu arbeiten, weil sich die enzymatische Aktivität bzw. die Änderung des Polarisationswinkels des Fluoreszenzlichts in freier oder Antigen-Antikörper-gebundener Form unterscheiden können.

6.4 Diagnostische Entscheidungsschwelle: Cut-off-Wert

Im Idealfall würden sich die verschiedenen Gruppen von Patienten und Gesunde anhand eines Testwertes eindeutig differenzieren lassen. Durch Überschneidung von Markerkonzentrationsbereichen der Patienten mit Tumorerkrankungen und solchen mit benignen Erkrankungen oder im rezidiv- und metastasenfreien Zustand („no evidence of disease", NED) ist nach einer günstigen Entscheidungsschranke zur möglichst spezifischen und empfindlichen Erfassung von Tumoren, Rezidiven und Metastasen und damit von Therapieerfolg und Mißerfolg zu suchen. Für die Festsetzung von Entscheidungsschranken werden die quantitativen Parameter zunächst zu qualitativen Tests vereinfacht. Dazu werden die diagnostischen Qualitätsmerkmale Sensitivität und Spezifität im üblichen Sinne herangezogen, wie in der folgenden Übersicht dargestellt.

Parameter zur Beurteilung der Brauchbarkeit von Tumormarkern. RP richtig positiv, *FN* falsch negativ, *RN* richtig negativ, *FP* falsch positiv

$$\text{Sensitivität} = \frac{\text{RP}}{\text{RP} + \text{FN}} \times 100\,[\%]$$

$$\text{Spezifität} = \frac{\text{RN}}{\text{RN} + \text{FP}} \times 100\,[\%]$$

Prädiktiver Wert:

$$\text{Positiver Test} = \frac{\text{RP}}{\text{alle Positiven}} \times 100\,[\%]$$

$$\text{Negativer Test} = \frac{\text{RN}}{\text{alle Negativen}} \times 100\,[\%]$$

$$\text{Prävalenz} = \frac{\text{Anzahl der Kranken}}{\text{alle Patienten}} \times 100\,[\%]$$

Die Wahl der Schranke, des Cut-off-Werts, ist in gewissem Grade willkürlich, richtet sich nach der klinischen Fragestellung und hängt von der diagnostischen Trennschärfe ab. Der Zusammenhang zwischen dem Cut-off-Wert und Spezifität (d.h. Tumormarker möglichst nicht nachweisbar bei NED und benignen Erkrankungen) und Sensitivität (d.h. Marker soll möglichst Rezidiv und Metastasen im frühen Stadium nachweisen) eines Tests läßt sich anschaulich aus Verteilungskurven ableiten.

Kumulative Verteilungskurven

Für die zu differenzierenden Gruppen werden die gemessenen Einzelwerte sequentiell nach absteigenden Konzentrationswerten sortiert und kumulativ prozentual dargestellt (s. Abb. 6.6).

Mit der Festlegung eines bestimmten Konzentrationswertes als Cut-off-Wert erhält man die entsprechende, für das gegebene Patientengut zutreffende Spezifität und Sensitivität des Tests.

Der in Abb. 6.6 gewählte Cut-off-Wert von 35 U/ml führt in diesem Beispiel bei malignen Ovarialtumoren zu 84% richtig positiven Werten (Sensitivität). Bei benignen Erkrankungen sind 22% falsch positive Werte, was einer Spezifität von nur 78% entspricht. Diese Aussage belegt die Untauglichkeit des Tests für ein Screening. Für die postoperative Situation wird dagegen mit Bezug auf die NED-Patientinnen eine Spezifität von über 95% erreicht. Diese Wertigkeit – keine Eignung für Screening, gute Eignung für die Verlaufs- und Therapiekontrolle – gilt allgemein für die hier zu betrachtenden

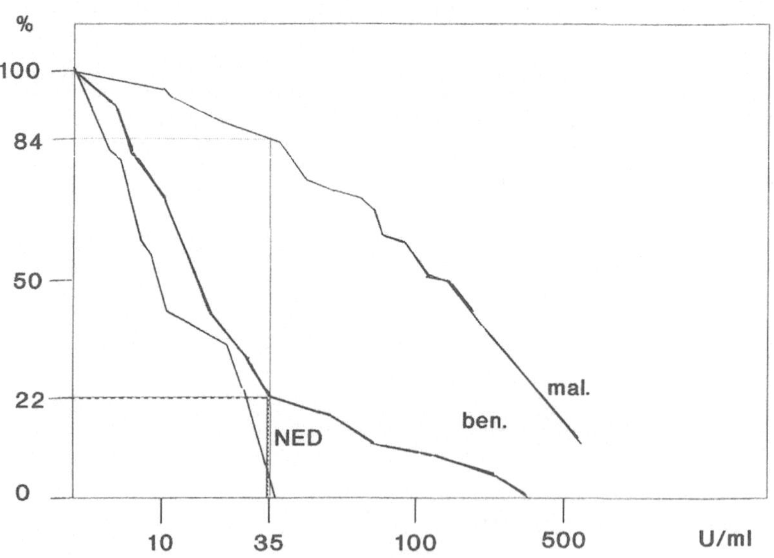

Abb. 6.6. Beispiel für kumulative Verteilungskurven

Tabelle 6.1. Zusammenstellung von Tumormarkern in der gynäkologischen Onkologie und Richtwerte für Cut-off-Werte[a]

Tumormarker	Definition	Cut-off-Wert
Karzinoembryonales Antigen (CEA)	Glykoprotein, MG ca. 180 000, 9 Epitope; bekannt bisher 6 CEA-ähnliche Antigene	6,5 µg/l (bei Rauchern z.T. erhöht)
Cancer Antigen 125 (CA 125)	Glykoprotein oder -lipid	35 E/ml 65 E/ml
Cancer Antigen 15-3 (CA 15-3)	Glykoprotein, Determinanten entsprechen Antigen MAMG (Milchfettglobulinmembran) und Mammakarzinomzellmembran DF3	25 U/ml
Cancer Antigen 72-4 (CA 72-4)	Determinanten entsprechen dem tumorassoziierten Glykoprotein TAG 72 bei metastasierenden Mammakarzinomzellen	3 U/ml
Plattenepithelkarzinomantigen (SCC)		2,5 µg/l
Schwangerschaftsspezifisches β_1-Glykoprotein (SP1)	Glykoprotein, MG 70–90 000	1 µg/l
Alpha-Fetoprotein (AFP)	Glykoprotein, MG ca. 70 000, 3–7 verschiedene Epitope	8 µg/l
Humanes Choriongonadotropin (HCG)	Glykoprotein mit α- und β-Untereinheiten, MG ca. 40 000	10 U/l
TPS	Wesentliche Komponente des Tissue Polypeptide Antigen (TPA) Marker für Proliferationsaktivität!	
Kathepsin D	Lysosomales Glykoprotein, proteolytisches Enzym Prognosefaktor beim Mammakarzinom!	Bestimmung im Zytosol <70 p Mol/mg

[a] Siehe Text bezüglich Methoden- und andere Abhängigkeit der Werte.

Tumormarker. Da Tumormarkerbestimmungen also der Verlaufskontrolle und Therapieüberwachung dienen, kann der Cut-off-Wert mit Gewinn an Sensitivität auf 90–95% Spezifität gelegt werden, bei individuellen Patientenverläufen sogar noch darunter.

Wählt man einen niedrigeren Cut-off, nimmt die Spezifität weiter ab zugunsten einer höheren Sensitivität. Erhöhung des Cut-off führt entsprechend in die entgegengesetzte Richtung. Tabelle 6.1 stellt in der gynäkologischen Onkologie bedeutsame Tumormarker mit Cut-off-Werten zusammen.

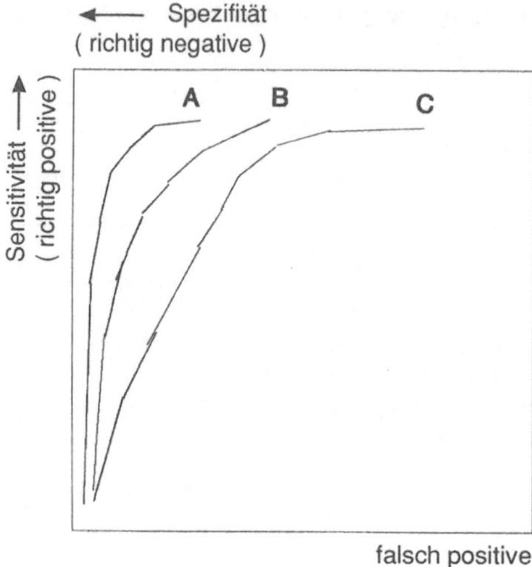

Abb. 6.7. ROC-Kurven zum Vergleich von 3 Testvarianten

Spezifitäts-Sensitivitäts-Diagramm: ROC-Kurve

Wenn der Cut-off systematisch von 0% Spezifität aufwärts und die dazu gehörenden Wertepaare für Sensitivität und Spezifität graphisch dargestellt werden, erhält man die zur Beurteilung der diagnostischen Leistungsfähigkeit der Tests besonders geeigneten ROC-Kurven („receiver-operating characteristic curves").

In Abb. 6.7 sind solche Kurven zum Vergleich von 3 Tests dargestellt. Der Test hat eine um so bessere diagnostische Trennschärfe, je weiter linksverschoben die Kurve ist. Falls dieses Beispiel zum Vergleich der 3 kommerziellen Testkits A, B und C dienen soll, wäre danach das Produkt A am besten zu bewerten. Analog sollte ein bewährter Tumormarker nur dann durch einen neuen ersetzt werden, wenn ein eindeutig besseres Sensitivitäts-Spezifitäts-Profil vorliegt.

6.5 Markerverläufe

Die derzeitigen Tumormarker eignen sich nicht für das Screening asymptomatischer Personen. Dazu reichen weder ihre Sensitivität und Spezifität noch ihr prädikativer Wert aus. Die diagnostische Wertigkeit des Tumormarkernachweises liegt in der Verlaufskontrolle nach Operation und/oder Radiotherapie, Chemotherapie und Hormontherapie. Eine sichere Aussage wird dabei nicht durch Interpretation eines einzelnen Meßwerts erhalten, sondern durch regelmäßig durchgeführte Kontrolle des Markerspiegels. Daraus ergibt sich die Notwendigkeit, Markerverläufe sicher zu machen.

Die Kriterien für einen guten Tumormarkertest sind neben analytischer Spezifität (Qualität der Antikörper, keine Kreuzreaktivität) und Empfindlichkeit (Nachweisgrenze) hohe Präzision und gute Reproduzierbarkeit bei breitem Meßbereich. Präzision und gute Reproduzierbarkeit bei breitem Meßbereich. Die Intraassayvarianz im Entscheidungsbereich soll <8%, die Reproduzierbarkeit von Ansatz zu Ansatz (Interassayvarianz) <15% betragen. Da die Tumormarkerwerte z.T. stark methodenabhängig sind und mit Kits verschiedener Herstellerfirmen recht differente Werte gemessen werden können, ist gerade bei der Erfassung von Tumormarkerverläufen auf die Vergleichbarkeit der Werte zu achten.

Ein präoperativer Wert ist zunächst wichtig, um die richtige Wahl des Tumormarkers für die postoperative Verlaufskontrolle zu belegen. Wegen einer gewissen Kontrolle zwischen Markerserumspiegel und Tumormasse kann er auch trotz aller notwendigen Einschränkung bei Rückschlüssen auf die Tumor- bzw. Rezidivausbreitung behilflich sein. Er ist nicht nur von der Tumormarkerexpression, der Tumormarkersynthese, -freisetzung und -exkretion, von der Tumormasse und Tumorausbreitung abhängig, sondern auch von der Blutversorgung des Tumors und dem Katabolismus des Markermoleküls. Diese Einflußgrößen sind auch unter dem unmittelbaren und langfristigem Effekt therapeutischer Maßnahmen (Tumormarkeranstieg infolge Gewebsnekrose unter zytostatischer Therapie) zu bedenken.

Praktische Hinweise

Die Durchführung der Tumormarkerbestimmungen erfolgt mit Hilfe von kommerziell erhältlichen Kits. Die Arbeitsanleitungen der Kits enthalten Hinweise zur Probengewinnung, Assaydurchführung und Qualitätskontrolle im Sinne einer GLP-(„good laboratory practice“-)Arbeitsweise.

Die Bestimmungen erfolgen in der Regel in Serum oder Plasma. Bei Verdacht auf sehr hohe Werte wird mit einem im Kit enthaltenen Verdünnungsmedium bzw. Nullstandard verdünnt. Auf die Möglichkeit eines High-dose-hook-Effekts beim IRMA wurde bereits hingewiesen.

Bei der Assaydurchführung ist i.allg. die Kombination von Kitreagenzien verschiedener Chargen nicht statthaft.

Bei der Bewertung der Tumormarkerspiegel ist auch an die Möglichkeit einer Störung durch anti-Maus-Ig-Antikörper (HAMA) infolge vorausgegangener Immunszintigraphie oder Immuntherapie zu denken.

7 Tumormarker in der Diagnostik und Verlaufskontrolle beim Ovarialkarzinom

Trotz Zunahme der Radikalität operativer Maßnahmen und der Einführung aggressiver, cisplatinhaltiger Behandlungsstrategien sind die Erfolge beim Ovarialkarzinom hinsichtlich des tumorfreien Intervalls und der Überlebenszeiten eher enttäuschend (Piver 1984; Malkasian 1986). Eine der wesentlichen Ursachen liegt darin, daß auch noch heute etwa drei Viertel aller Patientinnen erst in den fortgeschrittenen Stadien III und IV der Therapie zugeführt werden können. Nur in geringem Prozentsatz wird dabei die Diagnose im Rahmen von Früherkennungsuntersuchungen gestellt (Fettig 1985).

Neben der klinischen Untersuchung und v.a. der Sonographie existiert in den letzten Jahren die Hoffnung, durch Tumormarkerbestimmungen diese unbefriedigende Situation zu verbessern (Bender 1986; Jacobs et al. 1988; Zurawski et al. 1990). Das Bemühen, mit Hilfe von biochemischen und immunologischen Nachweismethoden Substanzen zu finden, deren Bestimmung im Serum oder Urin einen wichtigen Beitrag in der Primärdiagnose oder in Verlaufskontrollen des Ovarialkarzinoms leisten können, dauert bereits über 30 Jahre an. Inzwischen wurde eine Vielzahl von Laborparametern auf ihre Eignung als Tumormarker bei Ovarialmalignomen überprüft (Umbach 1984). Das Spektrum der untersuchten Substanzen reicht dabei von onkofetalen über onkoplazentare Antigene, Serumproteine einschließlich Akute-Phase-Reaktanden bis zu Hormonen und Enzymen. Parallel dazu gelang mittels polyklonaler und in den letzten Jahren monoklonaler Antikörper der Nachweis von vielen tumorassoziierten Antigenen des Ovars (Bagshawe et al. 1979; Rubin u. Lewis 1986).

Während AFP und HCG geradezu als „klassische" Tumormarker für Keimzellkarzinome des Ovars mit Dottersackelementen bzw. synzytiotrophoblastischen Anteilen gelten, wurde für epitheliale Karzinome des Ovars am häufigsten das CEA überprüft und eingesetzt (Van Nagell 1983). Obwohl eine Beziehung der CEA-Serumkonzentrationen zum Tumorstadium und zum histologischen Typ (v.a. muzinöse Ovarialkarzinome sind CEA-positiv) nachgewiesen werden konnte, wurden wegen der mäßigen Sensitivität von etwa 50% und der verminderten Spezifität viele andere Laborparameter zur Verbesserung der diagnostischen Effizienz eingesetzt (Kreienberg 1984; Bagshawe 1985; Urdl u. Lahousen 1985). Die recht unterschiedlichen Resultate werden relativiert durch den zunehmenden Einsatz des Ovarialkarzinom-assoziierten Antigens CA 125 in der serologischen Diagnostik von malignen Ovarialtumoren. Dieses tumorassoziierte Oberflächenantigen

Tabelle 7.1. Untersuchte Tumormarker und Bestimmungsmethoden sowie jeweils festgelegte obere Grenzwerte (*r* Korrelationskoeffizient von 92 Wertepaaren beider CEA-Assays)

Tumormarker	Methoden		Grenzwerte
CEA	ELISA ELSA-IRMA	(r = 0,856)	5 μg/l
AFP	EIA		20 μg/l
SP_1	EIA		5 μg/l
Fukose (proteingebunden)	Spektrophotometrie		13 mg/dl (≙ 792 μmol/l)
Neopterin (im Urin)	HPLC		295 μmol/mol Kreatinin
CA 125	ELSA-IRMA		35 E/ml
CA 19-9	ELSA-IRMA		37 E/ml

wird durch einen murinen monoklonalen Antikörper (OC 125) definiert, der mittels Hybridomtechnik nach Immunisierung von balb/c-Mäusen mit der Zellinie OVCA 433 eines serös-papillären Ovarialkarzinoms produziert und selektiert werden konnte (Übersicht bei Bast et al. 1987). Trotz hoher Sensitivität der CA 125-Messungen von 80% wurden wegen der fehlenden Malignomspezifität auch weiterhin andere Markersysteme eingesetzt, um die Überwachung der Frauen mit Ovarialmalignomen zu effektivieren. Auch unter Anwendung verschiedener mathematischer Modelle zum besseren Trennvermögen der untersuchten Tumormarkerprofile konnte über die Notwendigkeit und die Art zusätzlicher Tumormarker zum CA 125 bei epithelialen Ovarialkarzinomen keine Einigkeit erzielt werden (Bast et al. 1984; Crombach u. Würz 1985; Kreienberg 1986; Lahousen 1986; Hoffmann et al. 1987; Negishi et al. 1987; Fukazawa et al. 1988).

Eigene Erfahrungen am Krankengut der Universitäts-Frauenklinik der Charité (Berlin) der Jahre 1985 bis 1988 mit den Tumormarkern CEA, AFP, SP_1, proteingebundene Fukose im Serum und Neopterin im Urin werden kritisch dargestellt und mit den neueren Testsystemen CA 125 und CA 19-9 verglichen. In Tabelle 7.1 sind die untersuchten Laborparameter nach ihrer Bestimmungsmethode und dem jeweils oberen Grenzwert aufgelistet.

Die CEA-Serumkonzentrationen bei malignen und benignen Ovarialtumoren sowie Borderlinefällen sind in der Abb. 7.1 dargestellt.

CEA

Weder in der Rate erhöhter Werte (über 5 μg/l) noch im Vergleich der einzelnen Serum-CEA-Spiegel bestehen signifikante Unterschiede zwischen gutartigen und bösartigen Tumoren des Ovars. Muzinöse Tumoren wiesen in beiden Gruppen in 2 von 5 Fällen CEA-Werte über 5 μg/l auf. Alle nichtepithelialen Neubildungen gingen mit normalen CEA-Konzentrationen einher.

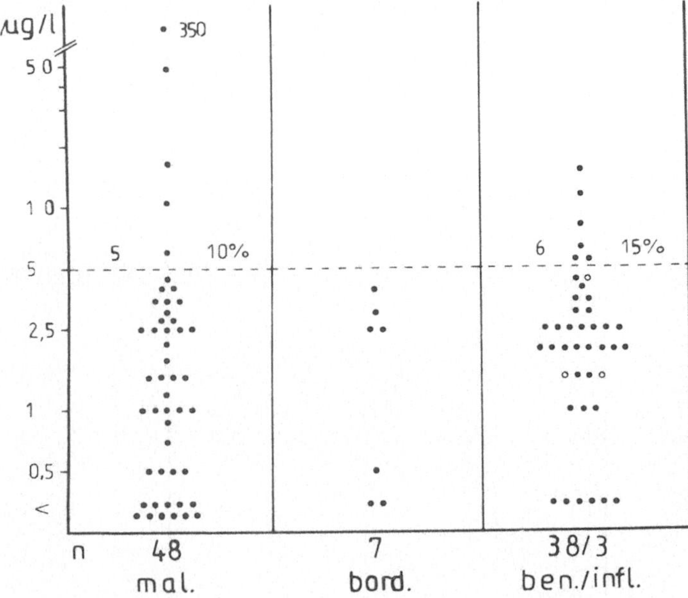

Abb. 7.1. Verteilung der CEA-Serumkonzentrationen und Raten erhöhter Werte (über 5 µg/l) bei malignen, Borderline- sowie benignen Tumoren des Ovars (○ entzündliche Adnexprozesse)

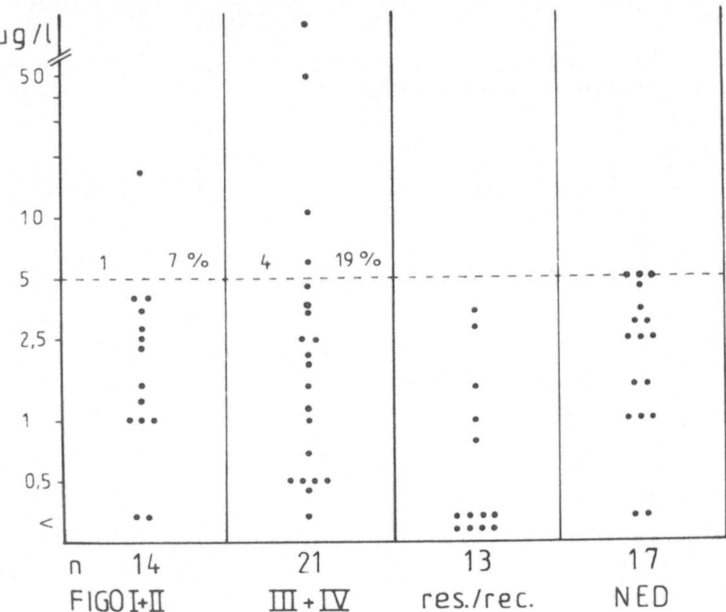

Abb. 7.2. Verteilung der CEA-Serumspiegel bei Patientinnen mit Ovarialmalignomen und Raten erhöhter Werte (über 5 µg/l) bezogen auf die verschiedenen Stadien sowie bei Rezidiven und rezidivfreien Frauen *(NED)*

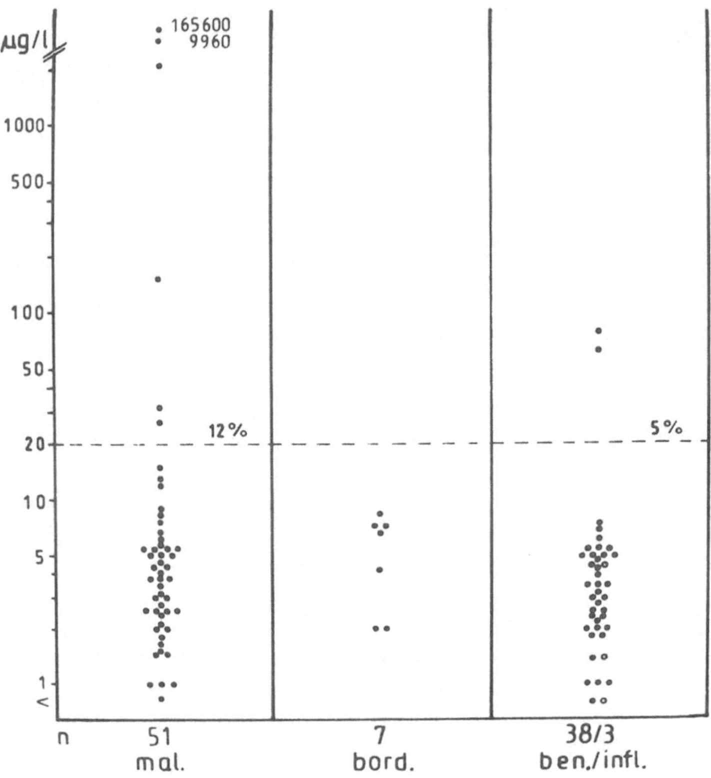

Abb. 7.3. AFP-Serumkonzentrationen und Raten erhöhter Werte (über 20 µg/l) bei malignen, Borderline- sowie benignen Tumoren des Ovars

Beziehungen zum Krankheitsstadium ließen sich nur insofern nachweisen, daß lediglich bei einer Patientin mit einem muzinösen Kystadenokarzinom des Stadiums I ein erhöhter CEA-Wert gemessen wurde, während alle anderen 4 Fälle mit erhöhten CEA-Spiegeln den Stadien III und IV zugeordnet werden mußten. Frauen mit behandeltem Ovarialkarzinom ohne Hinweis auf eine aktive Tumorerkrankung zeigten in unserem Krankengut keinen CEA-Wert über der Norm (Abb. 7.2). In Einzelverläufen stimmen Markerverhalten und klinischer Befund in 50% unserer Fälle überein.

Die geringe Sensitivität des CEA beim Ovarialkarzinom mit 10% entspricht nicht den früheren Erfahrungen (Rutanen et al. 1978; Van Nagell 1983), stimmt aber mit neueren Befunden von Bast et al. (1984) bei gleichem Grenzwert, Hoffmann et al. (1987) und Schröck et al. (1986) überein. Vergleichbare Raten erhöht gemessener CEA-Werte bei gutartigen Neoplasien wurden auch von Van Nagell (1983), Kreienberg (1986) und Fukazawa et al. (1988) beobachtet.

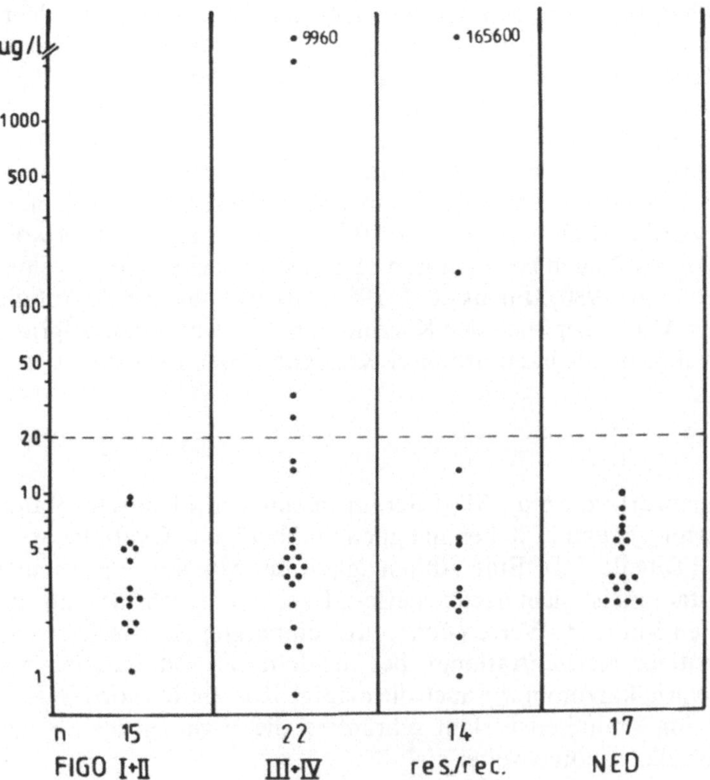

Abb. 7.4. Verteilung der AFP-Serumspiegel und Raten erhöhter Werte (über 20 µg/l) nach Stadien und Malignomaktivität (Rezidiv- oder Resttumor bzw. rezidivfrei: *NED*)

Die Probleme, die sich bei der Interpretation der gemessenen CEA-Konzentrationen in Verlaufskontrollen ergeben können, werden auch durch Literaturdaten gestützt (Stanhope et al. 1979; Bast et al. 1984; Bagshawe 1985; Paulick et al. 1986; Schröck et al. 1986).

AFP

AFP-Serumspiegel über 20 µg/l wurden bei 12% aller Ovarialmalignome registriert. Falsch positive Konzentrationen über diesem Grenzwert lagen in nur 2 von 41 nichtmalignen Neubildungen des Ovars vor (Abb. 7.3). Deutlich erhöhte Werte konnten nur bei fortgeschrittenen Tumorstadien oder Rezidiven gemessen werden (Abb. 7.4), wobei 2 Frauen mit gemischten Keimzellkarzinomen des Ovars die höchsten AFP-Konzentrationen aufwiesen. Bei den verbleibenden 4 AFP-Spiegeln über 20 µg/l handelte es sich um epitheliale Ovarialkarzinome mit dem höchsten Wert von über 2000 µg/l bei einer Patientin mit einem endometrioiden Karzinom des Stadiums III. Bei rezidivfreien Frauen mit behandeltem Ovarialmalignom lagen alle gemessenen

AFP-Werte im Normbereich. Klinisch relevante Informationen in den Verlaufskontrollen bei 4 Fällen mit initial erhöhten Werten konnten bei 2 Frauen aus den AFP-Konzentrationsänderungen abgeleitet werden.

Neben der Überwachung von Patienten mit Hepatomen gilt das AFP als geradezu klassischer Marker für Keimzellkarzinome des Ovars mit Dottersackelementen (Bagshawe 1985). Die Sensitivität von 60% bei allen Karzinomen des Ovars (Donaldson et al. 1979) konnte von anderen Arbeitsgruppen nicht bestätigt werden (Stanhope et al. 1979; Ishiguro et al. 1980), obwohl der Nachweis von AFP auch bei Tumoren ohne Dottersackelemente gelungen ist (Ishiguro et al. 1980; Burrus et al. 1985; Sekiya et al. 1987). Auf die Bestimmung des AFP bei epithelialen Karzinomen des Ovars kann aufgrund der geringen Wahrscheinlichkeit erhöhter Konzentrationen verzichtet werden.

SP_1

Bei einem Grenzwert von 5 µg SP_1/l Serum lassen sich identische Raten erhöhter Serumspiegel von 22% bei malignen und benignen Ovarialneoplasien feststellen (Tabelle 7.2). Eine Abhängigkeit der SP_1-Konzentrationen vom Karzinomstadium ist nicht nachzuweisen. Es fällt lediglich auf, daß von 9 Rezidivtumoren 5 mit SP_1-Werten über 5 µg/l einhergingen. Die Rate von 18% falsch positiver Konzentrationen bei rezidivfreien Patientinnen mit behandeltem Ovarialkarzinom wie auch die mäßige Korrelation von 50% zur Tumoraktivität im Krankheitsverlauf schränken die Eignung des SP_1 als Marker für Ovarialkarzinome weiter ein.

Literaturdaten zur Rolle des SP_1 als Tumormarker bei nichttrophoblastischen Neoplasien sind relativ gering und wenig vergleichbar. Eine Trennung zwischen malignen und benignen Tumoren kann mittels SP_1-Messungen nach Angaben von Bagshawe et al. (1978), Andersen u. Marushak (1984) sowie Fukazawa et al. (1988) nicht erreicht werden. Die letztgenannte Arbeitsgruppe berichtete über Positivitätsraten, die mit den unseren gut übereinstimmen, während Kreienberg (1986) keine erhöhten SP_1-Werte bei Ovarialkarzinomen und Ockhuizen et al. (1984) nur bei benignen Ovarialtumoren in 21% erhöhte SP_1-Konzentrationen fanden. Wegen der fehlenden Korrelation zwischen immunhistologischem und serologischem SP_1-Nachweis halten auch Ludwig u. Tatra (1981) diesen Parameter als Marker für gynäkologische Karzinome für nicht geeignet.

Tabelle 7.2. SP_1-Serumkonzentrationen (µg/l) und erhöhte Werte (über 5 µg/l) bei Patientinnen mit Ovarialtumoren und rezidivfreien Frauen nach Ovarialkarzinomtherapie (NED)

Kollektiv	n	Bereich	Median	Erhöht n	Erhöht [%]
Karzinome	32	0–131	1,25	7	21,9
Benigne Tumoren	41	0– 36	1,0	9	22,0
Karzinome (NED)	17	0–206	0,8	3	17,6

Tabelle 7.3. Serumspiegel der proteingebundenen Fukose (mg/dl) und erhöhte Konzentrationen (über 13 mg/dl) bei Patientinnen mit Ovarialtumoren und rezidivfreien Ovarialkarzinompatienten (NED)

Kollektiv	n	Bereich	Median	Erhöht n	Erhöht [%]
Karzinome	31	7,4–19,6	15,2	20	64,5
Benigne Tumoren	37	7,3–17,2	10,5	4	10,8
Karzinome (NED)	15	8,2–16,5	12,6	7	46,7

Proteingebundene Fukose

Die Auswertung der Serumkonzentrationen der proteingebundenen Fukose ergibt eine bessere labordiagnostische Validität bei Ovarialtumoren. Eine Sensitivität von 65% und eine akzeptable Spezifität von 89% erlauben eine zufriedenstellende Abgrenzung gegenüber benignen Tumoren des Ovars.

Diese relativ günstigen Resultate werden durch den hohen Anteil erhöhter Fukosewerte von 47% bei rezidivfreien Patientinnen mit behandeltem Ovarialmalignom (entspricht einer Spezifität von 53%!) extrem limitiert (Tabelle 7.3).

Die gleichfalls beobachtete schlechte Übereinstimmung des Verhaltens der Fukosespiegel mit dem klinischen Zustand in Verlaufskontrollen von unter 50% reduziert die Wertigkeit der Fukosebestimmungen in der Überwachung von Frauen mit Ovarialkarzinomen erheblich.

Abweichend von dieser Einschätzung halten Kiricuta et al. (1986) sowie Sen et al. (1985) die Fukose für einen geeigneten Laborparameter zur Verlaufsbeurteilung von Frauen mit Ovarial- bzw. Zervixkarzinomen.

Neopterin

Ähnlich den Fukosewerten zeigen auch die Neopterinspiegel im Urin eine Beziehung zum Tumorstadium und sind bei 72% aller Ovarialmalignome erhöht. Die Spezifität gegenüber benignen Neoplasien des Ovars ist mit 68% (32% aller Messungen über dem Grenzwert) allerdings nur ungenügend. Gleiches gilt auch für die Neopterinkonzentrationen bei Frauen mit behandeltem Ovarialkarzinom ohne Hinweis auf ein Rezidiv (Tabelle 7.4). In Analogie zur fehlenden Spezifität korrelieren die Neopterinwerte im Verlauf nur

Tabelle 7.4. Neopterinkonzentrationen im Urin (μmol/mol Kreatinin) und erhöhte Spiegel (über 295 μmol/mol Kreatinin) bei Frauen mit Ovarialtumoren und rezidivfreien Ovarialkarzinompatientinnen (NED)

Kollektiv	n	Bereich	Median	Erhöht n	Erhöht [%]
Karzinome	25	160–1041	360	18	72,0
Benigne Tumoren	37	88– 844	221	12	32,4
Karzinome (NED)	9	40– 800	266	4	44,4

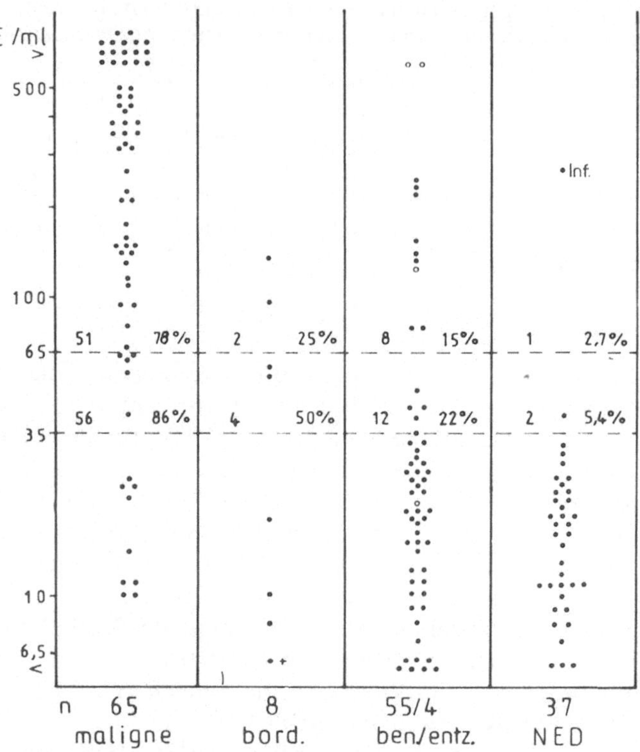

Abb. 7.5. CA 125-Serumspiegel bei malignen, Borderline- sowie benignen Ovarialtumoren sowie rezidivfreien Ovarialkarzinompatientinnen mit Angaben von Raten erhöhter Werte bezogen auf den Grenzwert von 35 E/ml und 65 E/ml

in etwa 40% mit dem klinischen Zustandsbild. Neopterin kann deshalb im Gegensatz zu den Erfahrungen von Bichler et al. (1983) von uns nicht als Tumormarker für Patientinnen mit Ovarialkarzinomen empfohlen werden.

Inwieweit der präoperative Neopterinwert einen unabhängigen Prognoseparameter darstellen kann, läßt sich aus unseren Ergebnissen noch nicht ableiten (Reibnegger et al. 1987).

CA 125

Die höchste Sensitivität bei malignen Ovarialtumoren ist durch die Bestimmung des CA 125 zu erreichen. Die Serumspiegel dieses neueren Markers liegen bei allen aktiven Ovarialkarzinomen in 86% über dem Grenzwert von 35 E/ml. Dabei besteht eine hohe Spezifität der CA-125-Bestimmungen bei rezidivfreien Patienten von 95% (Abb. 7.5). Bezüglich der Höhe der präoperativen CA 125-Spiegel läßt sich eine Stadienabhängigkeit nachweisen. Werden 3 maligne Granulosazelltumoren des Stadiums I, die mit normalen Werten einhergingen, nicht berücksichtigt, ergibt sich eine prätherapeutische Sensitivität von 98% (Abb. 7.6). Neben den 6 muzinösen Kystadenokarzino-

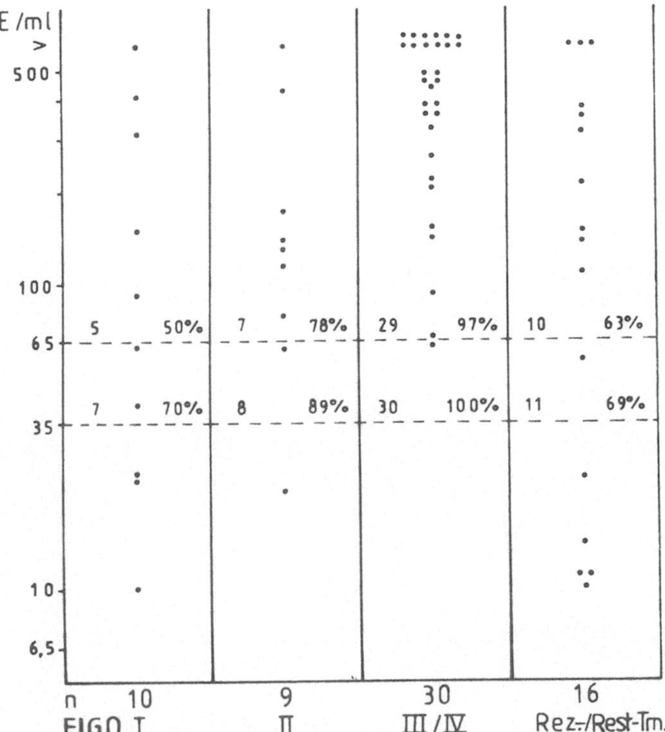

Abb. 7.6. Verteilung der CA 125-Serumkonzentrationen bei Ovarialkarzinomen nach Stadien und bei Rezidiv- oder Resttumoren sowie die jeweilige Sensitivität beim Grenzwert von 35 E/ml und 65 E/ml

men gingen auch die 4 Keimzellkarzinome der Ovarien mit CA 125-Konzentrationen über 35 E/ml einher. Eine Übereinstimmung der Markerwerte mit dem klinischen Zustand besteht in 72% in Verlaufsbeobachtungen, wobei die diagnostische Vorlaufzeit („lead-time“) bis zur klinischen Rezidiverkennung bis zu 7 Monaten betragen kann. Während persistierend hohen oder ansteigenden CA 125-Konzentrationen eine schlechte Prognose im Sinne des Rezidivs oder der Tumorprogression zuzuordnen ist (prädikativer Wert 77%), weisen abfallende Markerspiegel auch bis in den Normbereich nicht mit ausreichender Sicherheit auf eine objektivierbare Therapieresponse hin (prädikativer Wert 66%, Abb. 7.7).

Mit dem CA 125 steht ein neuer Tumormarker für die Überwachung von Patientinnen mit epithelialen Ovarialkarzinomen zur Verfügung, der sich durch eine hohe Sensitivität auszeichnet. Je nach Grenzwertfestlegung auf 35 oder 65 E/ml und nach Stadium wurden erhöhte Serumkonzentrationen in 63–96% der Fälle beschrieben (Bast et al. 1983; Kaesemann et al. 1986; Negishi et al. 1987). Obwohl bei muzinösen Adenokarzinomen des Ovars der monoklonale Antikörper nicht oder nur gering reagierte (Neunteufel u.

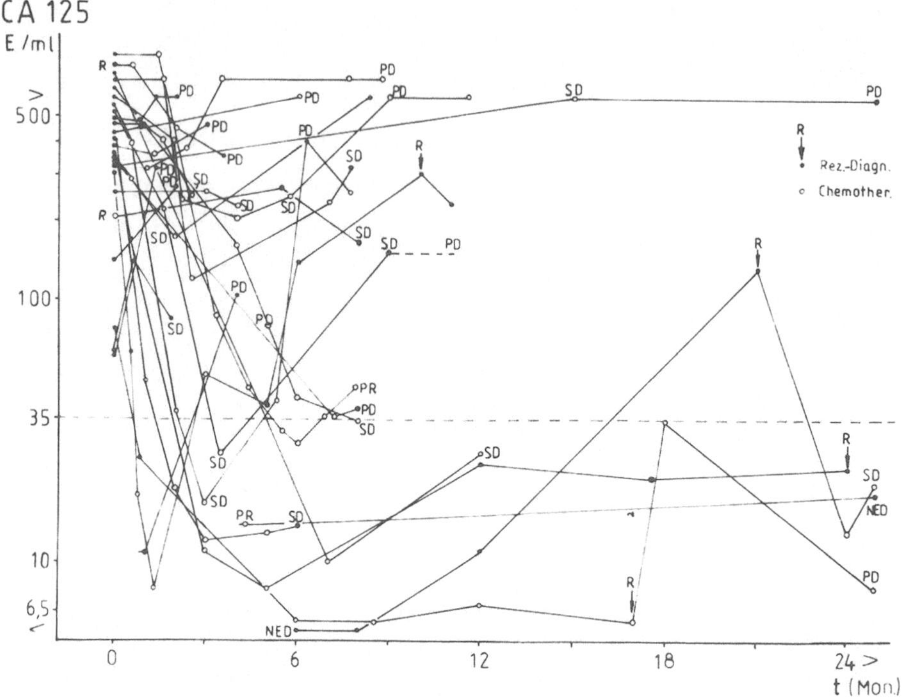

Abb. 7.7. CA 125 in der Verlaufskontrolle fortgeschrittener und rezidivierender Ovarialkarzinome (*PD* Progression, *SD* stabiler Krankheitszustand, *PR* partielle Remission, *NED* rezidivfrei, kein Hinweis auf aktives Karzinomleiden)

Breitenecker 1988; Nouwen et al. 1987), konnten auch bei diesem histologischen Typ Serumwerte über 35 E/ml in bis zu 80% der Fälle gemessen werden (Hoffmann et al. 1987). Erhöhte CA 125-Serumspiegel bei einer Vielzahl von anderen Malignomen (in allerdings geringerem Prozentsatz) und bei gutartigen Erkrankungen v.a. entzündlicher Natur sowie in der Schwangerschaft schränken die Spezifität des Testsystems und damit die Bedeutung für die Primärdiagnose merklich ein. Wir finden in unserem Krankengut – bei einer mit den Literaturdaten vergleichbaren Sensitivität – in 22% CA 125-Konzentrationen über 35 E/ml bei benignen nichtentzündlichen Ovarialtumoren. Um eine Spezifität von 95% gegenüber diesem Krankengut zu erreichen, wäre ein Anheben des Grenzwerts auf 150 E/ml notwendig. Während Di-Xia et al. (1988) erst bei einem CA 125-Wert von 194 E/ml eine Trennung zwischen malignen und benignen Prozessen im Beckenbereich mit gleicher Sicherheit erreichen, weisen Malkasian et al. (1988) darauf hin, daß dies bei postmenopausalen Frauen bereits bei 65 E/ml mit einem prädiktiven Wert von 98% möglich ist. Eine positive Korrelation der Markerwerte mit dem klinischen Zustand in Verlaufsbeobachtungen von Patientinnen mit Ovarialkarzinomen wurde in bis zu 94% aller Fälle beschrieben (Fioretti et al. 1987). Eine der Ursachen für den ungünstigeren Befund in unserer Studie (72%) ist im Markerabfall unter Chemotherapie – teils bis in den Norm-

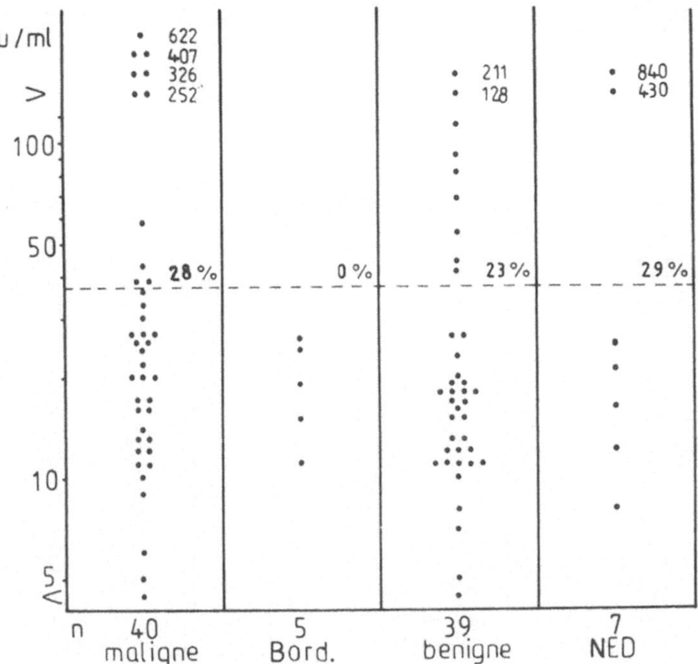

Abb. 7.8. CA 19-9-Serumspiegel bei malignen, Borderline- und benignen Ovarialtumoren sowie rezidivfreien Frauen nach Ovarialkarzinomtherapie mit Angabe der Raten erhöhter Werte (über 37 E/ml)

bereich (unter 35 E/ml) – zu suchen, ohne daß dies bei ca. einem Drittel der Frauen mit einer deutlichen, klinisch verifizierbaren Remission einhergegangen wäre. Hinweise für gleiche Beobachtungen finden sich in der Literatur bei Alvarez et al. (1987) oder drücken sich z.B. bei Kaesemann et al. (1986) indirekt in einer niedrigeren Rate erhöhter CA 125-Werte bei stabilem Krankheitszustand oder bei partiellen Remissionen aus. Im Rahmen von Second-look-Laparotomien wurden deshalb bei über 60% der Patientinnen mit normalen CA 125-Konzentrationen Tumorreste von unterschiedlicher Größe gefunden (Rubin et al. 1989).

CA 19-9

Der Nachweis des Carbohydrate-Antigens 19-9 (CA 19-9) in Geweben von epithelialen Ovarialtumoren, v.a. des muzinösen Typs (Nouwen et al. 1987; Neunteufel u. Breitenecker 1988), hat den Einsatz dieses durch einen monoklonalen Antikörper gegen eine kolorektale Karzinomzell-Linie definierten Antigens auch in der gynäkologischen Onkologie sinnvoll erscheinen lassen. Dabei ist die Sensitivität von 28% bei unseren Frauen mit Ovarialkarzinomen eher gering. Unterschiede in den Serumkonzentrationen zu benignen Neoplasien des Ovars lassen sich nicht nachweisen. In diesem Patientenkollektiv werden CA 19-9-Werte über 37 E/ml in 23% wie auch bei 5 von 7 rezidivfreien Patientinnen gemessen (Abb. 7.8). Hinsichtlich der Stadienabhän-

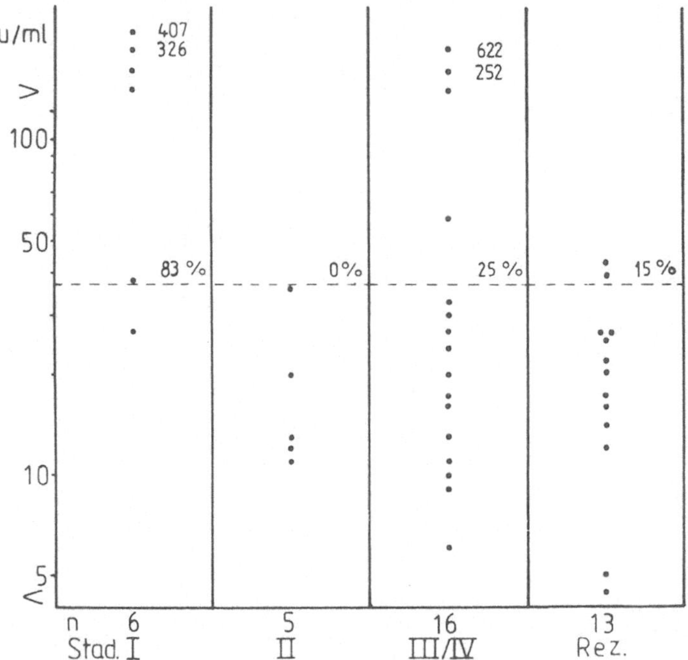

Abb. 7.9. Verteilung der CA 19-9-Serumspiegel bei den verschiedenen Stadien der Ovarialmalignome sowie bei Rezidiv- bzw. Resttumoren mit Angabe der Sensitivität (Grenzwert = 37 E/ml)

gigkeit der Markerspiegel bestehen eher inverse Zusammenhänge, die sich durch die Überrepräsentation der muzinösen Kystadenokarzinome im Stadium I mit ihren hohen Werten erklären (Abb. 7.9 und 7.10). Das Markerverhalten im Krankheitsverlauf stimmt in 50% mit dem klinischen Zustand überein.

Während sich eine vergleichbare Sensitivität in den Angaben von Canney et al. (1985) und Hoffmann et al. (1987) finden läßt, konnten Negishi et al. (1987) bei benignen Ovarialtumoren sogar in 32% ihrer Patientinnen CA 19-9-Serumspiegel über 37 E/ml nachweisen. Hinsichtlich der Korrelation der Werte dieses Markers mit dem klinischen Krankheitsbild wurden sowohl schlechtere (Bast et al. 1984) als auch bessere Ergebnisse beschrieben (Canney et al. 1985; Fioretti et al. 1987; Negishi et al. 1987). Dabei bestätigte die letztgenannte Arbeitsgruppe auch unsere Erfahrungen, daß CA 19-9- wie auch CA 125-Konzentrationen unter Chemotherapie ohne nachweisbare Reduzierung der Tumormasse abfallen können.

Vor allem unter dem Gesichtspunkt einer suffizienteren Einschätzung der Therapieresponse erscheint somit der Einsatz mehrerer Tumormarker notwendig. In der Kombination ergeben die von uns überprüften Markersubstanzen eine Sensitivität von 98%. Der diagnostische Gewinn von 8% gegenüber dem CA 125 ist hierbei gering. Wesentlich schwerwiegender ist

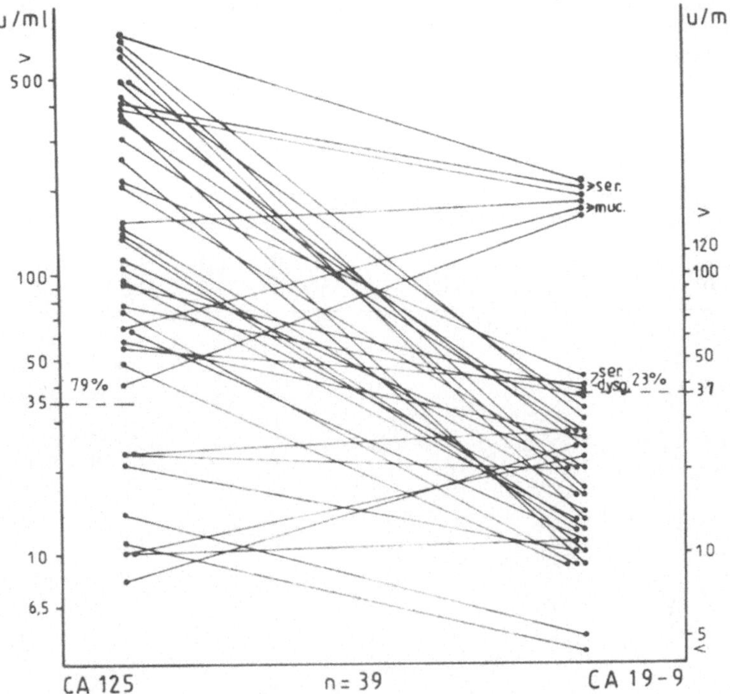

Abb. 7.10. Parallelbestimmungen von CA 125 und CA 19-9 bei Ovarialkarzinomen und Sensitivität von CA 19-9 in Abhängigkeit vom histologischen Typ

die Abnahme der Spezifität gegenüber benignen Ovarialtumoren von 78% (CA 125) auf 37% (mindestens ein Marker des untersuchten Spektrums erhöht). Noch drastischer wird die Situation in der Gruppe der rezidivfreien Frauen mit behandeltem Ovarialkarzinom. Besonders aus den hohen Raten erhöhter Spiegel für die weniger malignomspezifischen Substanzen (SP_1, proteingebundene Fukose und Neopterin) resultiert hier letztlich nur eine Spezifität von 20% im Vergleich zu 100% des CA 125 (Tabelle 7.5).

Fast identisch gestaltet sich das Ergebnis einer Auswertung der Korrelation der Markerwerte mit dem Aktivitätszustand des Ovarialkarzinoms in Verlaufsbeobachtungen. Durch die Einbeziehung aller Marker vermindert sich das befriedigende Ergebnis von 72% für CA 125 auf unter 15%, d.h. in der Überwachung des Therapieerfolgs mittels unseres Markerspektrums ist bei über 85% aller Patientinnen mit der falschen Erhöhung mindestens eines Laborparameters zu rechnen. Wie bereits aus der Darstellung der einzelnen Substanzen ersichtlich wurde, kann also die gesamte Markerpalette für Ovarialkarzinome nicht empfohlen werden, da der ohnehin geringe Sensitivitätsgewinn einen beträchtlichen Spezifitätsverlust mit sich bringt. An 4 ausgewählten Einzelbeispielen soll deshalb nachfolgend auf den Wert und die Grenzen von Tumormarkerbestimmungen hingewiesen werden (Abb. 7.11–7.14).

Tabelle 7.5. Veränderungen von Sensitivität und Spezifität durch schrittweise Hinzunahme von Tumormarkern bei Ovarialkarzinomen, benignen Tumoren des Ovars sowie rezidivfreien Ovarialkarzinompatientinnen (Angaben in %)

		Marker						
Kollektiv	n	CA 125	CEA	CA 19-9	AFP	SP_1	Fukose	Neopterin
Sensitivität								
Karzinome	50	90,0	90,0	90,0	90,0	94,0	96,0	98,0
Spezifität								
Benigne Tumoren	38	78,3	68,5	57,9	52,6	42,1	39,5	36,8
Karzinome (NED)	15	100,0	100,0	93,3	93,3	73,3	40,0	20,0

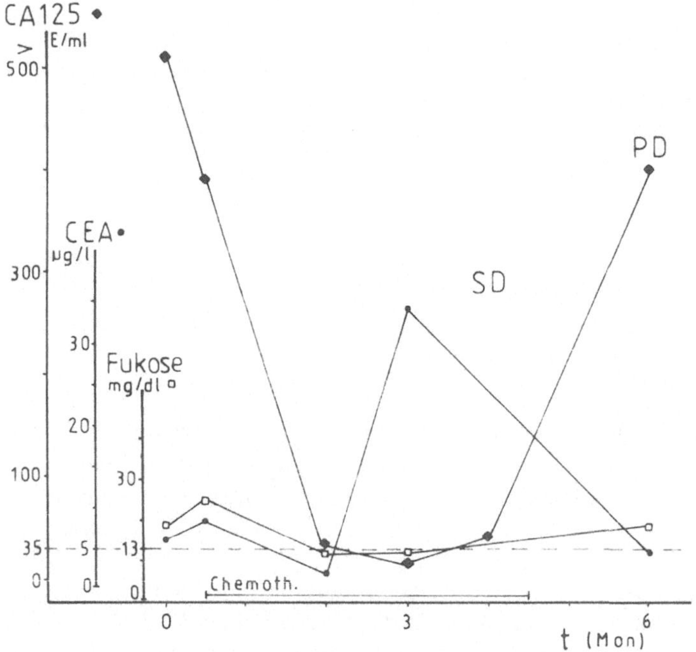

Abb. 7.11. CA 125-, CEA- und Fukoseserumkonzentrationen bei einer Patientin mit einem entdifferenzierten Ovarialkarzinom des Stadiums III. Alle prätherapeutisch erhöhten Werte fallen nach operativer Tumorreduktion unter Polychemotherapie bei stabilem Krankheitszustand *(SD)* in den Normbereich ab, um bei Tumorprogression *(PD)* wieder anzusteigen. Einem zwischenzeitlichen hohen CEA-Anstieg steht ein nur im Grenzbereich liegender CEA-Serumspiegel bei Progredienz der Erkrankung gegenüber

Durch die Anwendung der mehrdimensionalen Varianz- und Diskriminanzanalyse ist es möglich, unabhängig von festgelegten Grenzwerten unter Auswahl von Markersubstanzen mit dem besten Trennvermögen eine optimale Unterscheidung zwischen den jeweiligen Patientenkollektiven – z.B. maligne und benigne Neoplasien bzw. maligne aktive und rezidivfreie Tu-

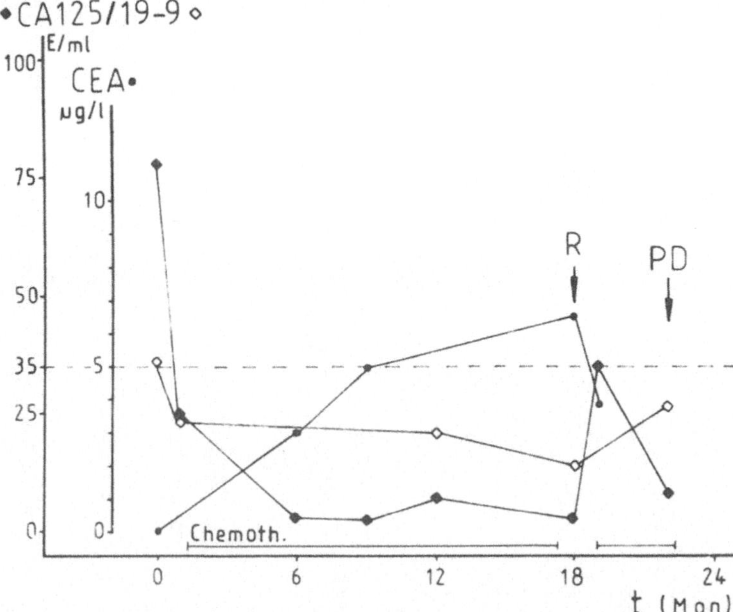

Abb. 7.12. Die Tumormarkerspiegel CA 125, CA 19-9 und CEA bei einer Patientin mit einem endometrioiden Ovarialkarzinom des Stadiums IIc. Die erhöhte CA 125-Konzentration und der grenzwertige CA 19-9-Spiegel (36 E/ml) fallen nach kompletter Operation und nachfolgender Polychemotherapie deutlich ab, zeigen jedoch die Lungenmetastase *(R)* auch bei Progression nicht durch einen Wiederanstieg an. (Der kurzfristige CA 125-Anstieg fällt zeitlich mit einer Bronchopneumonie zusammen!) Das präoperativ nicht nachweisbare CEA steigt kontinuierlich unter der cisplatinhaltigen Behandlung bis in den pathologischen Bereich an und fällt nach dem Absetzen wieder in den Normbereich ab (unter der Therapie sonographisch nachweisbare zunehmende Steatosis hepatis)

moren – zu erreichen. In Tabelle 7.6 wurden Sensitivität, Spezifität sowie diagnostische Effizienz der von uns untersuchten Tumormarker beim Ovarialkarzinom entsprechend dem erfolgten Auswertungsverfahren – nach definierten Grenzwerten und diskriminanzanalytischen Verfahren – gegenübergestellt. Die Differenzierung in maligne und benigne Neoplasien des Ovars gelingt unter der Anwendung der Diskriminanzanalyse in 91% der Fälle durch die Marker CA 125, Fukose und Neopterin. Die labordiagnostische Effizienz dieser Kombination ist damit über 20% besser als die der gesamten Markerpalette nach dem festgelegten oberen Schwellenwert (67%), jedoch nur um 5% besser als die Treffsicherheit der alleinigen CA 125-Messung mit dem oberen Grenzwert von 35 E/ml.

Durch die Bestimmung des CA 125 und der proteingebundenen Fukose ist die Differenzierung rezidivierender bzw. persistierender Tumoren von tumorfreien Patientinnen nach dem mathematischen Modell in 85% möglich und entspricht damit der alleinigen CA 125-Messung. Zusätzliche Fukosebe-

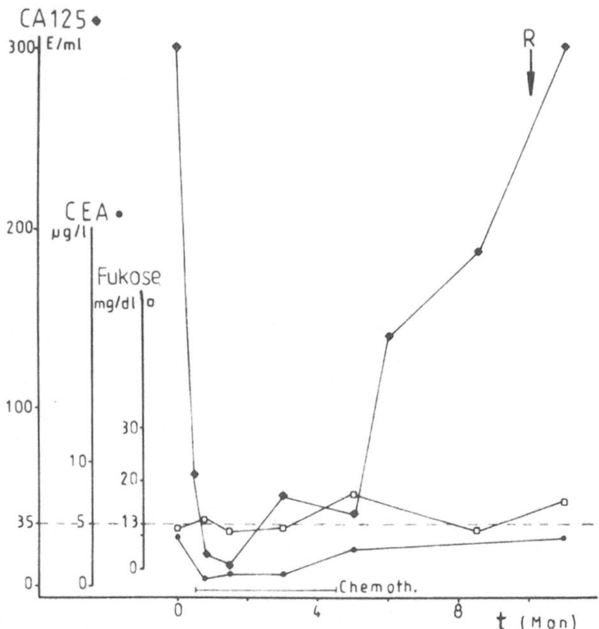

Abb. 7.13. Prä- und postoperative Tumormarkerspiegel (CA 125, CEA und Fukose) im Serum einer Patientin mit serösem Kystadenokarzinom des Ovars Stadium Ic. Die initial deutlich erhöhte CA 125-Konzentration fällt schnell unter den Grenzwert ab; bereits unter Polychemotherapie steigen die CA 125-Werte wieder über das 35 E/ml-Niveau an, um dann bis zum Zeitpunkt der intraabdominalen Rezidivdiagnose – 7 Monate nach dem ersten Wiederanstieg dieses Markers – den Ausgangsbereich zu erreichen. Die CEA-Spiegel reflektieren unterhalb der 5 µg/l-Grenze durch Abfall und Wiederanstieg die Tumorsituation mit einer Verzögerung zum CA 125 von 2 Monaten richtig. Die Fukosekonzentrationen schwanken unter der Zusatzbehandlung um den Grenzwert von 13 mg/dl und zeigen keine deutliche Beziehung zum klinischen Zustand. Das 4 Monate vor der Rezidivdiagnose *(R)* durchgeführte Computertomogramm war unauffällig

stimmungen im Serum können aber bei einem Spezifitätsverlust von 15% die Sensitivität steigern. Die Trennung ist bei Markerkombinationen hier um etwa 30% schlechter.

Bei der Vielzahl der für Frauen mit Ovarialmalignomen getesteten Tumormarker ist es nicht verwunderlich, daß keine einheitlichen Ansichten über ein optimales Markerspektrum existieren. Lahousen et al. (1990) erreichen mit der Kombination von CA 125, CEA, TPA und Ferritin in 95% eine positive Korrelation zum klinischen Zustand im Verlauf, weshalb sie von der Second-look-Laparotomie zur Verifizierung der Remission Abstand genommen haben. Wegen des geringen Informationszuwachses durch Hinzunahme anderer Marker halten jedoch Bast et al. (1984) sowie Hoffmann et al. (1987) die Bestimmung des CA 125 bei epithelialen Ovarialkarzinomen für ausreichend. Kreienberg (1989) befürwortet ergänzende CEA-Messungen, wäh-

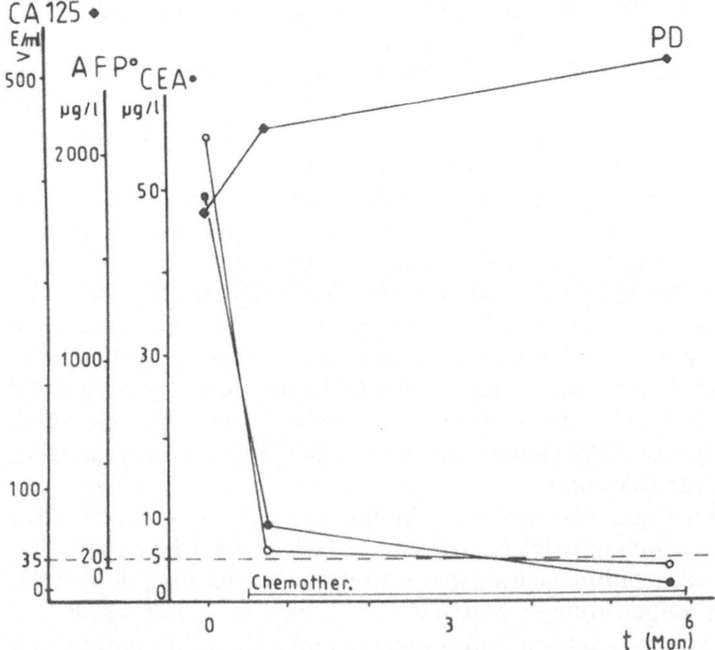

Abb. 7.14. Tumormarkerspiegel (CA 125, CEA und AFP) bei einer Patientin mit einem endometrioiden Ovarialkarzinom des Stadiums III. Alle 3 Marker zeigen präoperativ hochpathologische Konzentrationen. Während die CEA- und AFP-Werte schnell nach der operativen Tumorreduktion abfallen und unter Chemotherapie bei Progression der Erkrankung *(PD)* sogar im Normbereich sich befinden, steigt CA 125 unverändert weiter an

Tabelle 7.6. Sensitivität, Spezifität und diagnostische Effizienz (DE) verschiedener Kombinationen der Tumormarker CA 125, CEA, CA 19-9, AFP, SP_1 und Fukose im Serum sowie Neopterin im Urin bei Patientinnen mit Ovarialtumoren. Gegenüberstellung der Ergebnisse entsprechend der Art der Auswertung sowohl nach festgelegten Grenzwerten als auch mittels Diskriminanzanalyse (Angaben in %)

Kollektive	Tumormarker	Sensitivität	Spezifität	DE	Tumormarker	Sensitivität	Spezifität	DE
Maligne vs. benigne Tumoren (präoperativ)	Fukose CA 125 Neopterin	82,4	96,4	91,1	Alle	100	36,8	67,1
					CA 125	91,8	78,2	84,6
Rezidiv vs. NED	CA 125 Fukose	82,4	79,3	85,1	Alle	93,3	20,0	56,7
					CA 125	68,8	94,6	86,8

rend Negishi et al. (1987) dies neben CA 19-9 und anderen Parametern nur für muzinöse Karzinome empfehlen. Parallelbestimmungen von CA 19-9 zum CA 125 können auch nach den Ergebnissen von Canney et al. (1985) und Fioretti et al. (1987) die Korrelation in Verlaufsbeobachtungen verbessern, was sich für das neue Testsystem zur Messung der Serumspiegel des Tumorantigens 72 (TAG 72, CA 72-4) noch nicht eindeutig beantworten läßt (Stieber et al. 1989; Jäger u. Adam 1989). Auf die Bedeutung des CA 125 neben den etablierten Tumormarkern AFP und HCG bei Keimzellkarzinomen des Ovars wurde auch von Altaras et al. (1986) hingewiesen.

Nach unserer Meinung sollte die Auswahl der geeigneten Tumormarker – auch aus ökonomischen Gründen – für jeden Fall gesondert nach dem histologischen Typ und der Höhe der präoperativen Markerspiegel individuell festgelegt werden. Dabei sollten Testsysteme zur Bestimmung von CA 125, CA 19-9, CEA, AFP und HCG zur Verfügung stehen, wobei die Priorität auch nach unseren Erfahrungen bei epithelialen Ovarialkarzinomen eindeutig dem CA 125 zukommt.

Obwohl unter Chemotherapie eine Änderung der Expression des Antigenmusters theoretisch möglich ist und somit Marker, die primär nicht oder in normaler Konzentration nachweisbar waren, beim Tumorrezidiv erhöhte Werte im Serum zeigen können, halten wir im Gegensatz zu Burghardt et al. (1985) nur die Bestimmung von Tumormarkern mit initialen Serumspiegeln über dem Normbereich für sinnvoll.

Bei den dargelegten Problemen hinsichtlich der Sensitivität und v.a. der Spezifität kann die Bestimmung von Markersubstanzen im Rahmen von Screeningprogrammen trotz erster positiver Erfahrungen (Jacobs et al. 1988; Zurawski et al. 1990) auch aus Kostengründen nicht empfohlen werden.

Während die Kenntnis von prätherapeutischen Markerkonzentrationen für den einzelnen Patienten keine schlüssige Aussage über die Dignität eines Ovarialtumors zuläßt, können Messungen v.a. des CA 125 in Verlaufsbeobachtungen eine wertvolle Bereicherung der diagnostischen Maßnahmen darstellen. Keine oder nur geringe Verminderungen der Markerkonzentrationen deuten nach unseren Erfahrungen in Übereinstimmung mit Sevelda et al. (1989) und Mogensen et al. (1990) mit hoher Sicherheit sowohl auf Unwirksamkeit der Therapie als auch eine schlechte Prognose hin. In dieser Situation muß entschieden werden, ob ein Wechsel auf aggressivere Therapiestrategien möglich ist oder ob der Patientin eine unnötige Belastung erspart werden kann. Eine komplette Remission kann weder mit CA 125 noch mit anderen Markern mit letzter Sicherheit nachgewiesen werden. Bei erhöhten Werten sollte in jedem Fall von invasiven diagnostischen Maßnahmen Abstand genommen werden.

Zur Überwachung einer laufenden Behandlung sollten jedoch immer die einfachsten und sichersten Methoden zur Anwendung kommen. So sind z.B. Markerbestimmungen bei intraoperativ verbliebenen palpablen Resttumoren im kleinen Becken unnötig. Mittels Tumormarkerbestimmungen kann ein Rezidiv Monate vor der klinischen Entdeckung diagnostiziert werden.

Inwieweit sich dies jedoch auf die Verlängerung der Überlebenszeit der einzelnen Patientin auswirkt, muß bei den derzeit noch fehlenden effizienten sekundären Behandlungsmöglichkeiten offen bleiben.

Der Einsatz aller aufwendigen Suchverfahren einschließlich der Bestimmung von Tumormarkern in Verlaufskontrollen sollte deshalb individuell und risikoadaptiert erfolgen und sich nach den noch möglichen therapeutischen Konsequenzen richten.

Literatur

Altaras MM, Goldberg GL, Levin W, Darge L, Bloch B, Smith JA (1986)The value of cancer antigen-125 as a tumor marker in malignant germ cell tumors of the ovary. Gynecol Oncol 25:150–159

Alvarez RD, To A, Boots LR et al. (1987) CA 125 as a serum marker for poor prognosis in ovarian malignancies. Gynecol Oncol 26:284–289

Andersen HJ, Marushak A (1984) Value of β-subunit of human chorionic gonadotropin, pregnancy-specific β_1-glycoprotein, and α-fetoprotein in preoperative evaluation of patients with a pelvic mass. Am J Obstet Gynecol 149:694–695

Bagshawe KD (1985) Tumour marker. In: Bleehen NM (ed) Ovarian cancer. Springer, Berlin Heidelberg New York Tokyo, pp 35–45

Bagshawe KD, Lequin RM, Sizaret P, Tartarinow Y (1978) Pregnancy β_1 glycoprotein and chorionic gonadotropinin in serum of patients with trophoblastic and non-trophoblastic tumours. Eur J Cancer 14:1331–1335

Bagshawe KD, Wass M, Searle F (1979) Glycoproteins in ovarian cancer. In: Boelsma E, Rümke P (eds) Tumour markers: impact and prospects. Elsevier, North-Holland Biomedical Press, Amsterdam, pp 79–87

Bast RC, Klug TL, St. John E et al. (1983) A radioimmunoassay using a monoclonal antibody to monitor the course of epithelial ovarian cancer. N Engl J Med 309:883–887

Bast RC, Klug TL, Schaetzl E et al. (1984) Monitoring human ovarian carcinoma with a combination of CA 125, CA 19-9, and carcinoembryonic antigen. Am J Obstet Gynecol 149:553–559

Bast RC, Hunter V, Knapp RC (1987) Pros and cons of gynecologic tumor markers. Cancer 60 [Suppl 8]:1984–1992

Bender HG (1986) Gesichtspunkte der Früherkennung und Prävention des Ovarialkarzinoms. Gynäkologe 19:127–134

Bichler A, Fuchs D, Hausen A, Hetzel H, Reibnegger G, Wachter H (1983) Measurement of urinary neopterin in normal pregnant and nonpregnant women and in women with benign and malignant genital tract neoplasms. Arch Gynecol 233:121–130

Burghardt E, Pickel H, Stettner H (1985) Die Behandlung des Ovarialkarzinoms. In: Burghardt E (Hrsg) Spezielle Gynäkologie und Geburthilfe. Springer, Berlin Heidelberg New York Tokyo, S 104–136

Burrus DR, Okagaki T, Twiggs LB, Brokker DC (1985) Immunocytochemical evidence of heterogenous origin of α-fetoprotein in immature teratoma of the ovary. Gynecol Oncol 21:3–79

Canney PA, Wilkinson PM, James RD, Moore M (1985) CA 19-9 as a marker for ovarian cancer: alone and in comparison with CA 125. Br J Cancer 52:131–133

Crombach G, Würz H (1985) Vergleichende Bestimmungen von CA 125, TPA und CEA bei Patienten mit malignen epithelialen Ovarialtumoren. In: Greten H, Klapdor R (Hrsg) Neue tumorassoziierte Antigene. 2. Hamburger Symposium über Tumormarker. Thieme, Stuttgart, S 167–177

Di-Xia C, Schwartz PE, Xinguo L, Zhan Y (1988) Evaluation of CA 125 levels in differentiating malignant from benign tumors in patients with pelvic masses. Obstet Gynecol 72:23–27

Donaldson ES, van Nagell JR et al. (1979) Alpha-fetoprotein as a biochemical marker in patients with gynecologic malignancies. Gynecol Oncol 7:18–24

Fettig O (1985) Epidemiologie und Früherkennung des Ovarialkarzinoms. Med Klinik 80:588–591

Fioretti P, Gadducci A, Ferdeghini M, Bartolini T, Bianchi R, Facchini V (1987) Correlation of CA 125 and CA 19-9 serum levels with clinical course and second-look findings in patients with ovarian carcinoma. Gynecol Oncol 28:278–283

Fukazawa I, Inaba N, Ota Y et al. (1988) Serum levels of six tumor markers in patients with benign and malignant gynecological disease. Arch Gynecol Obstet 243:61–68

Hoffmann L, Müller-Hagen S, Neppert J, Klapdor R (1987) CA 125 monitoring in the evaluation of the course and prognosis of metastasizing ovarian carcinoma. In: Klapdor R (ed) New tumour markers and their monoclonal antibodies. 4th symposium on tumour markers, Hamburg. Thieme, Stuttgart, pp 142–148

Ishiguro T, Yoshida Y, Tenzaki T, Ohsima M, Suzuki H (1980) Serum alpha fetoprotein in gynaecologic related malignancies. Zentralbl Gynäkol 102:1209–1212

Jacobs I, Stabile J, Bridges J, Kemsley P, Reynolds C, Grudzinskas J, Oram D (1988) Multimodal approach to screening for ovarian cancer. Lancet 1:268–271

Jäger W, Adam R (1989) Vergleich der Serumkonzentrationen des CA-72.4 mit dem CA-125 während des klinischen Verlaufs von Ovarialkarzinom-Patientinnen. Onkologie 12:164–166

Kaesemann H, Caffier H, Hoffmann FJ et al. (1986) Monoklonale Antikörper in der Diagnostik und Verlaufskontrolle des Ovarialkarzinoms. CA 125 als Tumormarker. Klin Wochenschr 64:781–785

Kiricuta I, Bojan O, Munteanu S (1986) Biochemical markers in ovarian cancer. Arch Geschwulstforsch 56:35–38

Kreienberg R (1984) Die Bedeutung von Tumormarkern in der gynäkologischen Onkologie und beim Mammakarzinom. Thieme, Stuttgart

Kreienberg R (1986) Möglichkeiten und Grenzen von Tumormarkeruntersuchungen in der Nachsorge bei Ovarialkarzinom-Patientinnen. Gynäkologe 19:178–185

Kreienberg R (1989) Allgemeine und spezifische Laborparameter im Rahmen der Tumornachsorge bei gynäkologischen Malignomen und bei Mammakarzinomen. Gynäkologe 22:55–62

Lahousen M (1986) Der prädiktive Wert einer Tumormarkerkombination für das Monitoring beim Ovarialkarzinom. Wiener Klin Wochenschr 98:319–325

Lahousen M, Stettner H, Pürstner P, Pickel H (1990) Tumormarkerkombination versus Second-Look-Operation beim Ovarialkarzinom. Zentralbl Gynäkol 112:561–566

Ludwig H, Tatra G (1981) Pregnancy-specific β1-glycoprotein and α2-pregnancy associated globulin in the tumours of the female genital tract. Klin Wochenschr 59:787–790

Malkasian GD (1986) Chemotherapie des Ovarialkarzinoms. Gynäkologe 19:159–169

Malkasian GD, Knapp RC, Lavin PT et al. (1988) Preoperative evaluation of serum CA 125 levels in premenopausal and postmenopausal patients with pelvic masses: Discrimination of benign from malignant disease. Am J Obstet Gynecol 159:341–346

Mogensen O, Mogensen B, Jacobsen A (1990) Predictive value of CA 125 during early chemotherapy of advanced ovarian cancer. Gynecol Oncol 37:44–46

Negishi Y, Furukawa T, Oka T et al. (1987) Clinical use of CA 125 and its combination assay with other tumor marker in patients with ovarian carcinoma. Gynecol Obstet invest 23:200–207

Neunteufel W, Breitenecker G (1988) Immunhistologische Darstellung von CA 125, CA 19-9 und CEA in normalen und pathologisch veränderten Adnexen. Geburtshilfe Frauenheilkd 48:334–337

Nouwen EJ, Hendrix PG, Dauwe S, Eerdekens MW, de Broe ME (1987) Tumor markers in the human ovary and its neoplasms. A comparative immunohistochemical study. Am J Pathol 126:230–242

Ockhuizen T, de Bruijn HWA, Schilthuis MS, Szabo BG, Aalders JG (1984) Discrepancies between tumour marker profiles and diesease status in patients with ovarian cancer. Tumor Diagn Ther 5:225–228

Paulick R, Kaesemann H, Caffier H (1986) Wertigkeit des CA 125 im Vergleich zu konventionellen Tumormarkern beim Ovarialkarzinom. Geburtshilfe Frauenheilkd 46:509–514

Pivers S (1984) Ovarian carcinoma. A decade of progress. Cancer 54:2706–2715

Reibnegger G, Hetzel H, Fuchs D, Fuith LC, Hausen A, Werner ER, Wachter H (1987) Clinical significance of neopterin for prognosis and follow-up in ovarian cancer. Cancer Res 4:4977–4981

Rubin StC, Lewis JL (1986) Tumor antigens in ovarian malignancy. Clin Obstet Gynecol 29:693–704

Rubin StC, Hoskins WJ, Hakes TB, Markmann M, Reichmann BM, Chapman D, Lewis JL (1989) Serum CA 125 levels and surgical findings in patients undergoing secondary operations for epithelial ovarian cancer. Am J Obstet Gynecol 160:667–671

Rutanen E-M, Lindgren J, Sipponen P, Stenman U-H, Saksela E, Seppälä M (1978) Carcinoembryonic antigen in malignant and nonmalignant gynecologic tumors. Cancer 42:581–590

Schröck R, Hafter R, Schmid L, Babic R, Ulm K, Gössner W, Graeff H (1986) Tumorassoziierte Antigene und Fibrinderivate als Reaktionsprodukte des Ovarialkarzinoms. Geburtshilfe Frauenheilkd 46:1–10

Sekiya S, Inaba N, Takamizawa H, Nagao K (1987) Human chorionic gonadotropin and alpha-fetoprotein in sera and tumor cells of a patient with pure dysgerminoma of the ovary. Acta Obstet Gynecol Scand 66:75–78

Sen U, Guha S, Chowdhury JR (1985) A study of the prognostic role of serum fucose and fucosyl transferase in cancer of the uterine cervix. Acta Med Okayama 39:125–130

Sevelda P, Schemper M, Spona J (1989) CA 125 as an independent prognostic factor for survival in patients with epithelial ovarian cancer. Am J Obstet Gynecol 161:1213–1216

Stanhope CR, Smith JP, Britton JC, Crosley PK (1979) Serial determinations of marker substances in ovarian cancer. Gynecol Oncol 8:284–287

Stieber P, Meier W, Bayerl B, Eiermann W, Fateh-Moghadam A (1989) CA 125 und TAG 72 zur frühzeitigen Rezidiverkennung beim Ovarialkarzinom. In: Klapdor R (Hrsg) Neue Ergebnisse in der Tumordiagnostik und Tumortherapie. 5. Hamburger Symposium über Tumormarker. (Kurzfassungen) Zuckschwerdt, München, S 58

Umbach G (1984) Review of tumor markers for ovarian cancer. Med Hypotheses 13:329–339

Urdl W, Lahousen M (1985) Tumormarker in der gynäkologischen Onkologie. In: Burghardt E (Hrsg) Spezielle Gynäkologie und Geburtshilfe. Springer, Berlin Heidelberg New York Tokyo, S 158–184

Van Nagell JR (1983) Tumour markers in ovarian cancer. Clin Obstet Gynecol 10:197–212

Zurawski VR, Sjovall K, Schoenfeld DA et al. (1990) Prospective evaluation of CA 125 levels in a normal population, phase I: the specificities of single and serial determinations in testing for ovarian cancer. Gynecol Oncol 36:299–305

8 Tumormarker in der Diagnostik und Verlaufskontrolle beim Mammakarzinom

Die weltweit steigende Inzidenz des Mammakarzinoms stellt zweifellos eine besondere Herausforderung an alle Mediziner dar, die mit diesem Problem konfrontiert werden. Einschneidende Verbesserungen der Heilungsergebnisse sind letztlich nur durch eine verbesserte Früherkennung möglich. Die suffizienteste Methode hierfür, die Mammographie, erfordert einerseits einen hohen apparativ-technischen Aufwand und kann auf der anderen Seite im Falle falsch positiver Befunde zur erheblichen psychischen Belastung der betroffenen Frauen führen (Shingleton u. McCarthy 1987; Vutuc 1985). Mit der Einführung sensibler laborchemischer und immunologischer Nachweismethoden in die onkologische Diagnostik konnte eine Vielzahl von Substanzen entdeckt und auf ihre Nutzbarkeit als Tumormarker zum früheren Erkennen der malignen Transformation überprüft werden. Die Einteilung der Tumormarker in Substanzgruppen nach Uhlenbruck u. Dati (1986) zeigt Abb. 8.1.

Als klassischer Marker für das Mammakarzinom galt früher das karzinoembryonale Antigen (CEA), das trotz bestehender Mängel hinsichtlich Sensitivität und Spezifität in Verlaufskontrollen am häufigsten eingesetzt wurde (Übersicht bei Beard u. Haskell 1986). In der Folgezeit wurde nun versucht, eine Verbesserung der labordiagnostischen Effizienz beim Mammakarzinom durch Bestimmungen unterschiedlichster Parameter zusätzlich zum CEA zu erreichen (Coombes et al. 1980; Schlegel et al. 1981; Kreienberg 1984, Winkel 1988). Die Palette reicht hierbei von Proliferationsantigenen (TPA) über onkoplazentare Proteine wie schwangerschaftsspezifisches β_1-Glykoprotein (SP_1) und schwangerschaftsassoziiertes α_2-Glykoprotein (PAAG, SP_3) bis hin zu den Akute-Phase-Proteinen. Mit der Entdeckung von Mammakarzinom-assoziierten Antigenen mittels monoklonaler Antikörper und der Entwicklung entsprechender Testansätze zur quantitativen Bestimmung dieser Antigene im Serum wurde in Multiparameterstudien v.a. das CA 15-3 mit den bisher bekannten Markern verglichen (Hayes et al. 1986; Steger et al. 1987; Van Dalen 1989). Dieses „Cancer Antigen 15-3" wird durch die beiden monoklonalen Antikörper 115 D8 gegen Milchfettmembranbestandteile und DF 3 gegen membranangereicherte Zellextrakte eines Mammakarzinoms definiert (Hilkens et al. 1984; Kufe et al. 1984).

Im folgenden soll versucht werden, anhand eigener Erfahrungen im Vergleich mit vorliegenden Literaturdaten den Einsatz von Tumormarkern beim Mammakarzinom kritisch auf die klinische Relevanz zu überprüfen. In Tabelle 8.1 wurden die von uns getesteten Substanzen mit ihrer Bestimmungsmethode und dem festgelegten Grenzwert zusammengestellt.

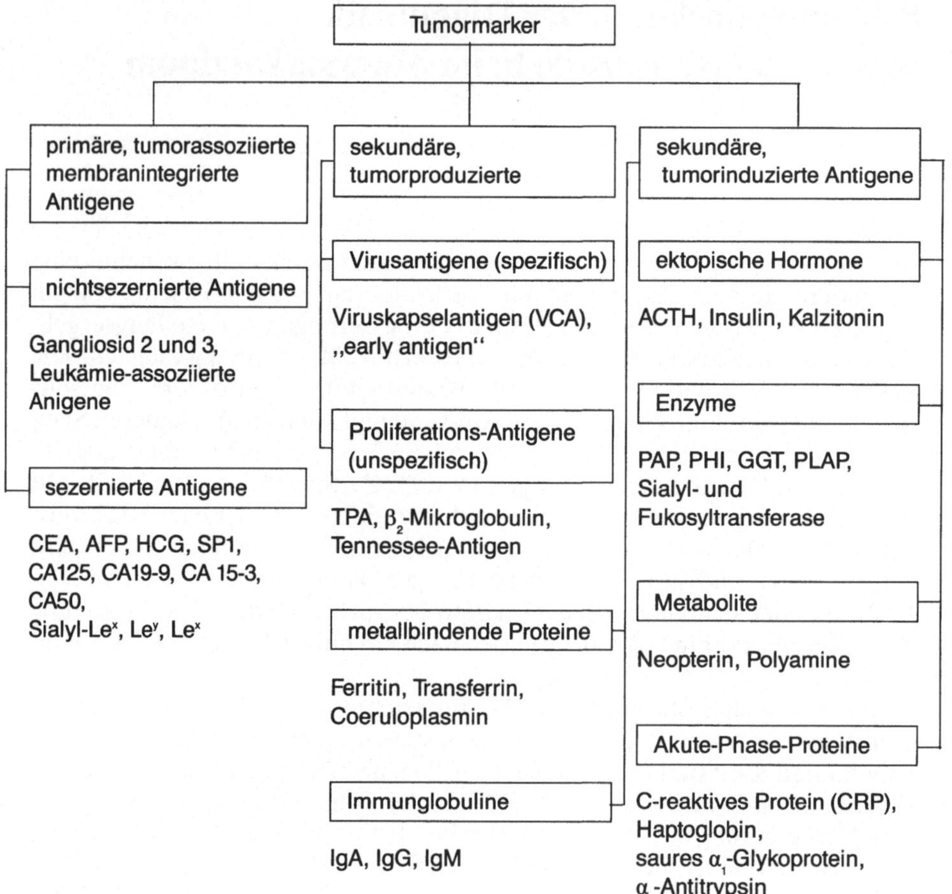

Abb. 8.1. Einteilung der Tumormarker in Gruppen. (Nach Uhlenbruck u. Dati 1986)

Tabelle 8.1. Untersuchte Tumormarker und Bestimmungsmethoden sowie jeweils festgelegte obere Grenzwerte (*r* Korrelationskoeffizient von 92 Wertepaaren beider CEA-Assays)

Tumormarker	Methoden		Grenzwert
CEA	ELISA ELSA-IRMA	(r = 0,856)	5 µg/l
AFP	EIA		20 µg/l
SP_1	EIA		5 µg/l
Fukose (proteingebunden)	Spektrophotometrie		13 mg/dl (≙ 792 µmol/l)
Neopterin (im Urin)	HPLC		295 µmol/mol Kreatinin
CA 15-3	ELSA-IRMA		25 E/ml

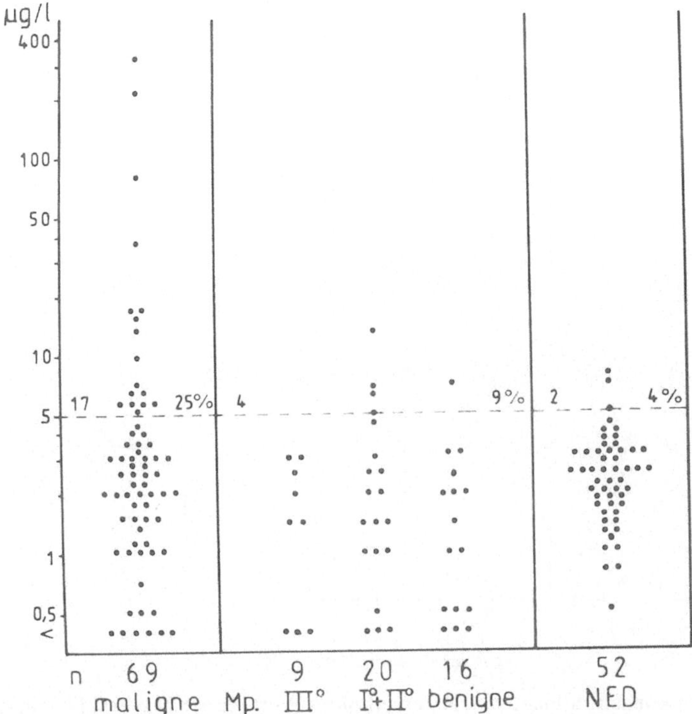

Abb. 8.2. CEA-Serumkonzentrationen und Positivitätsraten (über 5 µg/l) bei Frauen mit Mammatumoren unterschiedlicher Dignität sowie rezidivfreien Patientinnen nach Mammakarzinomtherapie (*MP* Mastopathie)

CEA

Das CEA zeigt mit einer Sensitivität von 25% Serumkonzentrationen über 5 µg/l bei allen aktiven malignen Brusttumoren. Der insgesamt niedrigen Sensitivität stehen eine akzeptable Rate falsch positiver CEA-Werte bei allen nichtmalignen Mammatumoren von 9% (Spezifität 91%) und eine falsch positive Quote von 4% (Spezifität 96%) bei rezidivfreien Frauen nach Mammakarzinomtherapie gegenüber (Abb. 8.2). Zwischen den präoperativen CEA-Serumspiegeln der Patientinnen der Karzinomstadien I–III bestehen keine signifikanten Unterschiede. Mit einer Sensitivität von nur 18% differenziert die CEA-Bestimmung bei unserem Krankengut nicht deutlich von benignen Neoplasien. Die damit stark eingeschränkte differentialdiagnostische Bedeutung der prätherapeutischen CEA-Bestimmungen wird weiter reduziert, wenn man nach retrospektiver Beurteilung des jeweiligen individuellen Verlaufs die bei 2 Frauen mit einem Mammakarzinom des Stadiums I präoperativ gemessenen und deutlich erhöhten CEA-Werte schweren internistischen Begleiterscheinungen und nicht dem jeweiligen Mammatumor zuschreibt (Abb. 8.3).

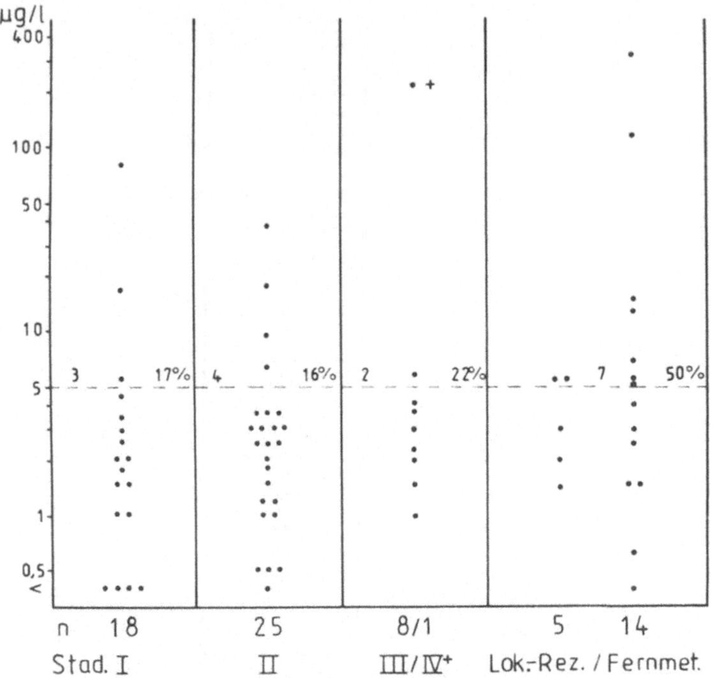

Abb. 8.3. CEA-Serumkonzentrationen und Raten erhöhter Werte (über 5 µg/l) bei Patientinnen mit Mammakarzinom nach Stadien der Erkrankung und Tumoraktivität (Lokal- bzw. Lymphknotenrezidive und Fernmetastasen)

Eine akzeptable Sensitivität des CEA von 53% wird erst bei Frauen mit einem fernmetastasierten Mammakarzinom registriert. Änderungen der Markerspiegel (über oder unter 30% des Vorwerts) reflektieren in 60% der Fälle korrekt das Rezidivgeschehen bzw. die Remission der Malignomerkrankung.

Angaben zur Wertigkeit von CEA-Bestimmungen bei Frauen mit Mammakarzinom differieren in der Literatur erheblich (Übersicht bei Beard u. Haskell 1986). Dennoch lassen sich unsere Ergebnisse mit den Befunden von Cove et al. (1979), Treidler et al. (1984), Heim et al. (1984), Crombach et al. (1986), Hayes et al. (1986) und Colomer et al. (1989) durchaus vergleichen.

AFP

AFP-Serumkonzentrationen von über 20 µg/l konnten nur bei 2 von 49 Patientinnen mit Mammakarzinom gemessen werden. In einem dieser Fälle mit ausgedehnter Lebermetastasierung war der AFP-Spiegel auch nur marginal erhöht (25 µg/l), so daß sich die ursprüngliche Hoffnung, mittels AFP-Bestimmungen im Serum einen zusätzlichen Parameter zur Erkennung von Lebermetastasen zu erhalten, nicht erfüllt hat. Bei allen nichtmalignen Neoplasien der Brust und bei den tumorfreien Malignompatientinnen wur-

Tabelle 8.2. SP_1-Serumkonzentrationen (μg/l) und erhöhte Werte (über 5 μg/l) bei Patientinnen mit Mammakarzinomen sowie bei rezidivfreien Frauen nach Mammakarzinomtherapie (NED)

Kollektiv	n	Bereich	Median	Erhöht n	Erhöht [%]
Karzinome	47	0–460	1,2	8	17
Benigne Tumoren					
Mastopathie	42	0– 39	0,9	7	17
Karzinome (NED)	30	0–274	2,0	8	27

den erhöhte AFP-Werte nicht beobachtet. Wegen der geringen Sensitivität des AFP beim Mammakarzinom mit und ohne Fernmetastasen in der Leber kann in Übereinstimmung mit Larseille et al. (1985) und Lamerz et al. (1988) auf diese Untersuchung verzichtet werden.

SP_1

Die Rate erhöhter SP_1-Serumkonzentrationen bei Mammakarzinomen ist mit 17% ebenfalls als unbefriedigend gering einzuschätzen. Bei einer Spezifität von 83% gegenüber nichtmalignen Neubildungen der Brust bzw. von 73% gegenüber rezidivfreien Frauen lassen sich keine signifikanten Unterschiede sowohl in den SP_1-Serumkonzentrationen als auch in den Raten erhöhter SP_1-Spiegel zwischen den genannten 3 Patientenkollektiven nachweisen (Tabelle 8.2). Da außerdem die Konzentrationsänderungen dieses onkoplazentaren Proteins nur in 25% mit dem klinischen Zustand bei Frauen mit Mammakarzinom übereinstimmen, kann diese Substanz nicht als Tumormarker für das Mammakarzinom angesehen werden.

In der Literatur bestehen hinsichtlich der Rolle des SP_1 in der Diagnostik von Mammatumoren keine einheitlichen Auffassungen. Während Kreienberg (1984) nur eine Sensitivität von 8,5% beim Grenzwert von 1 μg/l bei Frauen mit Mammakarzinomen beobachtete, fanden Strache et al. (1987) in 67% der Fälle Werte über 3 μg/l. Letztgenannte Autoren verweisen auf die großen Unterschiede in der Sensitivität nach den derzeit vorliegenden Daten von 2% bis hin zu den eigenen Befunden mit 67%. Sie registrierten erhöhte SP_1-Serumwerte von 37% auch bei Frauen mit Mastopathien und konnten wie wir keine eindeutigen positiven Korrelationen der SP_1-Werte mit dem klinischen Zustand bei Patientinnen mit Mammakarzinom nachweisen.

Proteingebundene Fukose

Die Bestimmung der proteingebundenen Fukose im Serum von Frauen mit malignen Brusttumoren hat eine Sensitivität von 24%. Die akzeptable Spezifität von 91% bei nichtmalignen Neoplasien kann allerdings bei den rezidivfreien Patienten nach Mammakarzinomtherapie (NED) nicht erzielt werden. Bei 16 der 31 Frauen werden in Verlaufskontrollen Fukosewerte über 13 mg/dl (Spezifität 48%) registriert (Tabelle 8.3).

Tabelle 8.3. Serumspiegel der proteingebundenen Fukose (mg/dl) und erhöhte Konzentrationen (über 13 mg/dl) bei Patientinnen mit Mammatumoren und rezidivfreien Mammakarzinompatienten (NED)

Kollektiv	n	Bereich	Median	Erhöht n	Erhöht [%]
Karzinome	46	7,5–20,1	11,8	11	24
Benigne Tumoren					
Mastopathie	44	9,1–14,7	11,0	4	9
Karzinome (NED)	31	6,5–16,8	13,1	16	52

Vor allem diese hohe Rate falsch positiver Werte bei rezidivfreien Karzinompatientinnen im Verlauf bedingt die schlechte Korrelation der Änderungen der Serumfukosekonzentrationen zum klinischen Befund von nur 50%, so daß die Fukosebestimmungen im Therapiemonitoring von Frauen mit Mammakarzinom nur geringen Wert besitzen. Während Messungen der proteingebundenen Fukose bei Patienten mit malignen Brusttumoren von Kiricuta et al. (1986) und Likoy (1986) als zuverlässiger Parameter angesehen werden, können Wilkinson et al. (1980) – ähnlich unseren Ergebnissen – keine Trennung maligner von benignen Brusttumoren feststellen.

Neopterin

Die Bestimmung des Neopterin im Urin bei Frauen mit Mammakarzinom ergibt erhöhte Werte (über 295 µmol/mol Kreatinin) in 40% der Fälle. Dieses vergleichsweise günstige Resultat relativiert sich durch die hohe Rate von Neopterinkonzentrationen über dem genannten Grenzwert bei Patientinnen mit benignen Tumoren der Brust bzw. Mastopathien in 30% und in 2 von 6 Fällen bei Frauen nach Mammakarzinomtherapie ohne Anhalt für eine Rezidiverkrankung (44% falsch positive Neopterinwerte im gesamten rezidivfreien gynäkologisch-onkologischen Patientengut; Tabelle 8.4). Da ansteigende bzw. abfallende Konzentrationen nur in 43% mit der klinischen Tumoraktivität übereinstimmen, kann die Messung des Neopterin im Urin für die Diagnostik von Mammakarzinomen weder primär noch im Verlauf empfohlen werden. Auch nach den Angaben von Wiegele et al. (1984) und Larseille et al. (1985) können Neopterinbestimmungen bei Frauen mit Mammakarzinom keinen zusätzlichen Informationsgewinn liefern.

Tabelle 8.4. Neopterinkonzentrationen im Urin (µmol/mol Kreatinin) und erhöhte Spiegel (über 295 µmol/mol Neopterin/mol Kreatinin) bei Frauen mit Mammatumoren und rezidivfreien Mammakarzinompatientinnen (NED)

Kollektiv	n	Bereich	Median	Erhöht n	Erhöht [%]
Karzinome	20	153–499	283	8	40
Benigne Tumoren					
Mastopathie	20	39–708	196	6	30
Karzinome (NED)	6	157–373	234	2	(33)

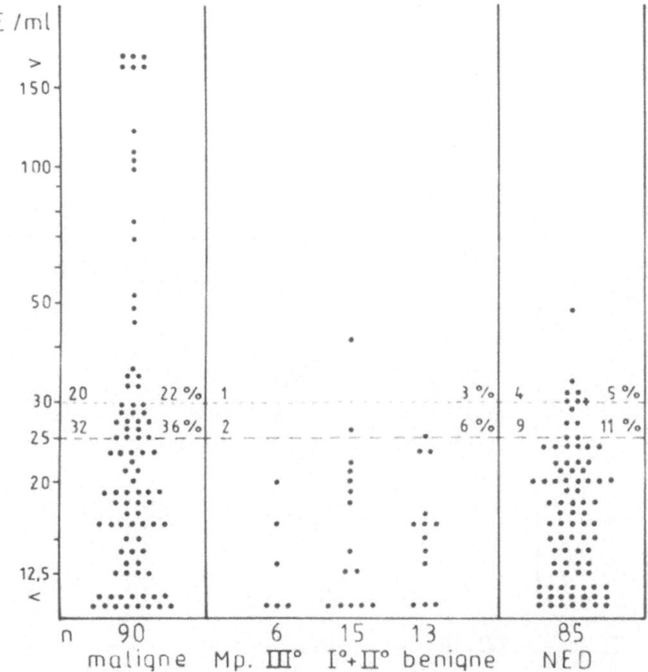

Abb. 8.4. CA 15-3-Serumkonzentrationen und Positivitätsraten (über 25 und 30 E/ml) bei Frauen mit Mammatumoren unterschiedlicher Dignität sowie rezidivfreien Patientinnen nach Mammakarzinomtherapie (*MP* Mastopathie)

CA 15-3

In Auswertung der Serum-CA 15-3-Konzentrationen bei Patienten mit aktiven Mammakarzinomen kann eine Sensitivität von 36% der Fälle über dem 25 E/ml-Grenzbereich registriert werden. Falsch erhöhte CA 15-3-Werte oberhalb dieses Niveaus werden bei nichtmalignen Neubildungen der Brust in 6% und bei rezidivfreien Malignompatientinnen in 11% der Fälle beobachtet (Abb. 8.4). Insgesamt ist auch die Sensitivität der präoperativen CA 15-3-Bestimmung in den Karzinomstadien I–III mit 20% nur gering. Erst im Zustand der Fernmetastasierung werden erhöhte Werte in 78% erreicht (Abb. 8.5). Auch bei einer Korrektur des oberen Grenzwertes auf 30 E/ml, womit eine Spezifität von 95% gegenüber rezidivfreien Frauen – entsprechend der Spezifität der CEA-Spiegel beim Schwellenwert von 5 μg/l – erzielt würde, liegt die Rate erhöhter CA 15-3-Werte bei den fernmetastasierten Karzinomen mit 65% noch über der des CEA.

Im Trend liegen hohe CA 15-3-Konzentrationen besonders bei ossären Metastasen vor, während dies beim CEA vor allem bei Leberbeteiligung der Fall zu sein scheint. In individuellen Verlaufskontrollen von Frauen mit Mammakarzinomen korrelieren die CA 15-3-Serumspiegel in 80% mit dem klinischen Zustand. Dabei können ansteigende Markerwerte v.a. unter adju-

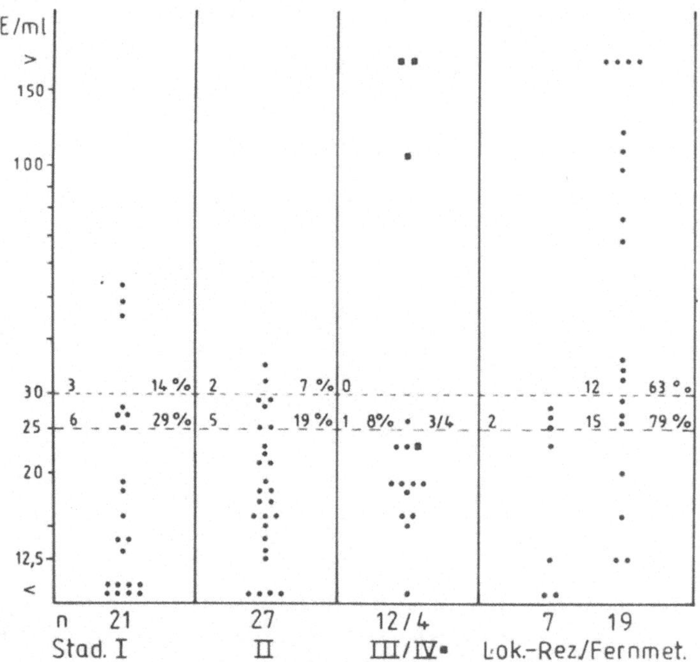

Abb. 8.5. CA 15-3-Serumkonzentrationen und Raten erhöhter Werte (Sensitivität über 25 und 30 E/ml) bei Patientinnen mit Mammakarzinom nach Stadium der Erkrankung und Tumoraktivität (Lokal- bzw. Lymphknotenrezidive und Fernmetastasen)

vanter Chemotherapie – auch bei normalen Ausgangswerten – frühzeitig auf eine bereits bestehende Dissemination der Erkrankung hinweisen und dabei gleichzeitig ein Nichtansprechen der Therapie signalisieren. Doch hat sich die Hoffnung nicht erfüllt, mittels dieses durch monoklonale Antikörper definierten Mammakarzinom-assoziierten Antigens ein labordiagnostisches Hilfsmittel zur Früherkennung des Mammakarzinoms zu erhalten. In der Literatur wird die präoperative Sensitivität bei lokoregionär begrenzten Karzinomen mit maximal 30% angegeben. Van Dalen et al. (1986) finden selbst im Stadium III nur in der Hälfte der Fälle CA 15-3-Werte über 30 E/ml. In Übereinstimmung mit unseren Befunden werden erhöhte CA 15-3-Serumkonzentrationen erst im Zustand der Fernmetastasierung in Abhängigkeit von der Tumormasse bzw. der Anzahl der befallenen Organe in über 70% der Fälle beobachtet (Hayes et al. 1986; Hoffmann et al. 1986; Schmidt-Rhode et al. 1987). Die im Vergleich zum CEA bessere Korrelation der CA 15-3-Spiegel mit dem Tumorstatus wird allgemein bestätigt und bewegt sich zwischen 60%iger und 90%iger Übereinstimmung (Tondini et al. 1987; Schmidt-Rhode et al. 1987).

Durch die kombinierte Bestimmung aller untersuchten Markersubstanzen kann die Sensitivität präoperativ bei den Stadien I–III auf lediglich 42% gesteigert werden. Immerhin wird durch die gemeinsame Bestimmung von

Tabelle 8.5. Veränderungen von Sensitivität und Spezifität durch schrittweise Erweiterung des Tumormarkerspektrums[a] bei Mammakarzinomen, benignen Neoplasien der Brust sowie rezidivfreien Karzinompatientinnen (Angaben in %)

Validität	Kollektiv	n	CA15-3	+CEA	$+SP_1$	+Fukose	+Neopterin
Sensitivität	Karzinome						
	– Stadium I–III	52	17,3	26,9	32,7	36,5	42,3
	– Fernmetastasen	15	86,7	93,3	93,3	93,3	93,3
Spezifität	Benigne Tumoren	35	94,3	82,9	68,6	65,7	60,0
	Karzinome (NED)	30	90,0	83,3	60,0	26,7	23,3

[a] Da das AFP weder einen Einfluß auf die Sensitivität noch auf die Spezifität besitzt, wurde auf die Darstellung in der Tabelle verzichtet

CA 15-3 und CEA bereits eine Rate erhöhter Werte von 27% erreicht. Mittels Bestimmung beider Markersubstanzen können 93% aller fernmetastasierter Malignome der Brust entdeckt werden. Ein weiterer diagnostischer Gewinn ist durch Hinzunahme anderer Tumormarker nicht festzustellen (Tabelle 8.5).

In der Auswertung der Raten falsch positiver Markerwerte im Untersuchungsmaterial, also der Spezifität sowohl gegenüber benignen Tumoren der Brust als auch gegenüber den rezidivfreien Mammakarzinompatienten ist ein deutlicher Spezifitätsverlust auf 60% (benigne Tumoren) bzw. nur 23% (rezidivfreie Frauen) zu verzeichnen. Während durch Bestimmung von CA 15-3 und CEA gemeinsam noch eine Spezifität von jeweils 83% zu erwarten ist, vermindert sich die Gesamtrate richtig normaler Markerkonzentrationen drastisch vor allem durch falsch-hohe Spiegel von SP_1 und Neopterin bei den gutartigen Brusttumoren sowie von Fukose, SP_1 und Neopterin bei den karzinomfreien Patientinnen.

Analog gelten diese getroffenen Feststellungen auch für die Änderungen der Konzentrationen der untersuchten Marker in individuellen Verlaufskontrollen. In etwa zwei Drittel aller Patientinnen nach operiertem Mammakarzinom entsprechen Anstieg oder Abfall (über 30% des Vorwertes) von CEA und CA 15-3 dem klinischen Zustand Metastasierung/Progression bzw. Remission. CA 15-3 oder CEA korrelieren in ihren Serumwerten in über 70%. Unter Einbeziehung der gesamten Tumormarkerpalette vermindert sich die Anzahl der Frauen ohne falsche Markerbefunde im Krankheitsverlauf auf knapp 23%.

In der Gegenüberstellung der Auswertung der dargestellten Befunde im Hinblick auf Sensitivität, Spezifität und labordiagnostische Effizienz sowohl nach festgelegten Grenzwerten als auch mittels Diskriminanzfunktion (Tabelle 8.6) ist auch mit dem mathematisch-statistischen Verfahren der Diskriminanzanalyse die Trennung zwischen primären Mammakarzinomen und benignen Neoplasien der Brust einerseits und rezidivfreien und rezidivierten/ metastasierten Mammakarzinomen andererseits nicht zu verbessern. Durch den Einsatz von mehreren Markersubstanzen bei Frauen mit Mammakarzinomen – und nicht nur hier – sind nicht nur deren Vorteile (Steigerung der

Tabelle 8.6. Sensitivität, Spezifität und diagnostische Effizienz (*DE*) (in %) bei Kombination der Tumormarker (*TMM*) CEA, CA 15-3, SP_1, AFP und Fukose im Serum sowie Neopterin im Urin bei Patientinnen mit Mammatumoren. Gegenüberstellung der Ergebnisse entsprechend der Art der Auswertung sowohl nach festgelegten Grenzwerten als auch mittels Diskriminanzanalyse

Kollektive	TMM	Sensitivität	Spezifität	DE	TMM	Sensitivität	Spezifität	DE
Maligne/benigne (prätherapeutisch)	CA 15-3	49,4	67,9	54,2	Alle	42,3	60,0	49,4
					CA 15-3 + CEA	28,3	82,9	50,0
					CA 15-3	23,4	94,1	48,0
Rezidiv/NED	CA 15-3 +Fukose +CEA +AFP	66,7	91,5	83,8	Alle (nur M1)	93,3	23,3	46,7
					Alle	85,0	23,3	48,0
					CA 15-3 +CEA	85,0	83,3	84,0
	CA 15-3	37,0	97,6	82,7	CA 15-3	70,0	90,0	82,0

Sensitivität), sondern auch ihre Mängel (Verlust an Spezifität) zu beachten. Während früher – wie bereits erwähnt – das CEA die dominierende Rolle unter den Tumormarkern besaß (Coombes et al. 1980; Winkel 1988), fanden Schlegel et al. (1981) unter zwanzig Laborparametern CEA und TPA mit dem höchsten Trennvermögen zwischen aktiven und nichtaktiven Mammakarzinomen heraus. Mit der Einführung des neuen Testsystems CA 15-3 in die klinische Onkologie wurden bis auf das CEA alle anderen Substanzen wegen ihrer geringeren Sensitivität und/oder Spezifität weitestgehend verlassen (Kreienberg 1989). Am eigenen untersuchten Markerspektrum können wir die gleichen Beobachtungen machen. Lediglich die Bestimmungen von CA 15-3 mit höchster Wertigkeit und von CEA können für Verlaufskontrollen bei Patientinnen mit Mammakarzinomen empfohlen werden. Für eine Anwendung in der Primärdiagnostik spielen beide Markersubstanzen keine Rolle. Allerdings können deutlich erhöhte Werte (z.B. über dem doppelten Grenzwert) eines oder beider Tumormarker bereits Hinweise auf eine bestehende Fernmetastasierung geben, sofern keine schwere Allgemeinerkrankung besteht. Nach den eigenen Erfahrungen dürfte dies jedoch nur bei maximal 5% des Krankengutes der Fall sein. In Verlaufsbeobachtungen nach der Primärtherapie können Anstiege eines oder beider Marker bereits Monate vor der klinischen Diagnose eine Disseminierung der Erkrankung frühzeitig anzeigen, wie in einigen Beispielen exemplarisch dargestellt werden soll (Abb. 8.6–8.9). Die zunehmende Erkenntnis, daß sowohl die frühzeitige Diagnose der Fernmetastasierung eines Mammakarzinoms als auch der frühere Therapiebeginn keinen Einfluß auf die Verlängerung der Überlebenszeiten hat (Wandt et al. 1989; Stierer u. Rosen 1989), relativiert jedoch den Nutzen eines aufwendigen Nachsorgeprogramms einschließlich der

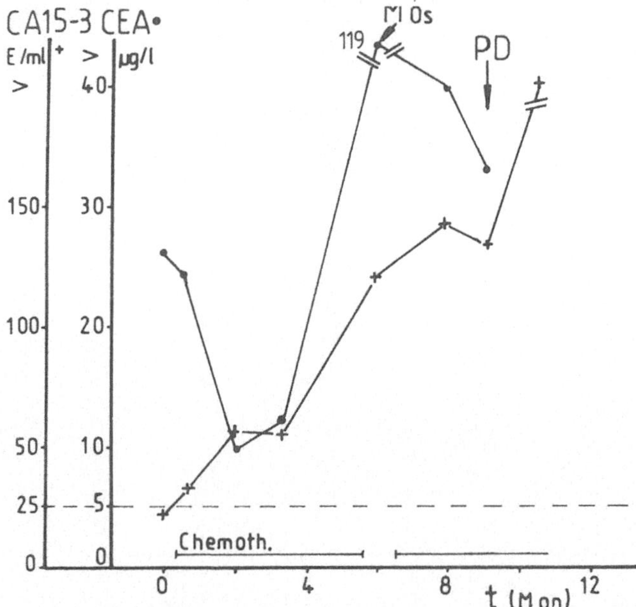

Abb. 8.6. Prä- und postoperative CEA- und CA 15-3-Serumkonzentrationen bei einer Patientin mit Mammakarzinom (pT2 pN1). Der initial deutlich erhöhte CEA-Wert fällt unter Chemotherapie nur kurzfristig ab und verbleibt im pathologischen Bereich; der präoperativ normale CA 15-3-Spiegel steigt unter der CMF-Therapie kontinuierlich an; *M-os* Zeitpunkt der klinischen Diagnose der Skelettmetastasierung im beschwerdefreien Zustand, *PD* Zeitpunkt der Tumorprogression trotz Wechsel des Behandlungsregimes

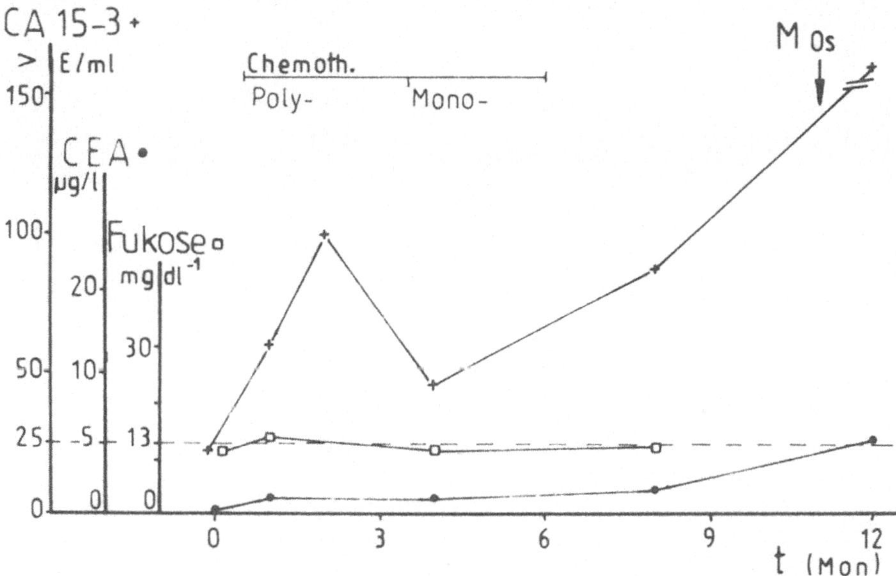

Abb. 8.7. Tumormarkerverlauf bei einer Patientin mit Mammakarzinom (pT2 pN1). Unter Chemotherapie deutlich ansteigende CA 15-3-Werte signalisieren im beschwerdefreien Zustand die disseminierte Erkrankung einerseits und die Insuffizienz der Therapie andererseits vor der Fukose und dem CEA, das erst zum Zeitpunkt der Diagnose der ossären Metastasierung marginal erhöht ist

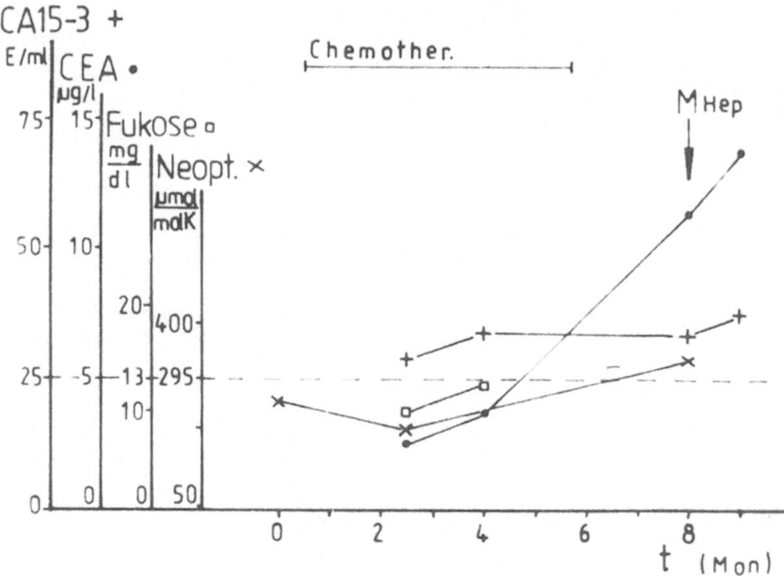

Abb. 8.8. Prä- (Neopterin) und postoperative Tumormarkerkonzentrationen bei einer Patientin mit Mammakarzinom (pT2 pN1) und Zeitpunkt der Diagnose von Lebermetastasen. Bei steigenden Markerwerten unterhalb der Grenzwerte 4 Monate vor der Diagnose befinden sich die CA 15-3-Spiegel oberhalb des 25 E/ml-Niveaus, steigen aber bei Progression, im Gegensatz zum CEA, nicht weiter so markant an

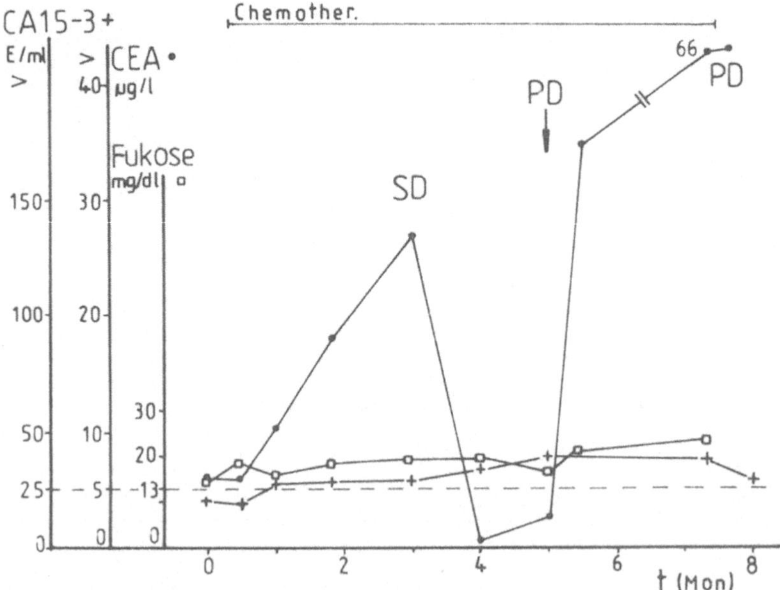

Abb. 8.9. Tumormarkerverlauf bei einer Patientin mit Lungen- und Lebermetastasen unter Chemotherapie. Prätherapeutisch sind CEA und Fukose (sowie Neopterin und SP_1) erhöht. Während die CEA-Spiegel starken Fluktuationen unterworfen sind, steigen CA 15-3 und Fukose geringer, aber gleichmäßiger an und reflektieren die fehlende Response somit deutlicher

Tumormarkerbestimmung erheblich und favorisiert wieder deutlicher die Anamnese und die klinische Untersuchung.

Auch aus ökonomischen Gründen sollten Tumormarkerbestimmungen risikoadaptiert erfolgen. Potentiell dürften von entsprechenden Untersuchungen am ehesten die Patientinnen profitieren, bei denen der Markerverlauf eine zusätzliche Information über eine ineffektive, belastende Therapieform liefert, die somit geändert oder abgebrochen werden sollte. Mit zunehmendem Aufklärungsgrad unserer Mammakarzinompatientinnen und dem damit verbundenen Wissen um die Möglichkeiten auch der Bestimmung von Tumormarkern werden wir uns zukünftig auch den Forderungen nach höchster Sicherheit der Tumorfreiheit durch unsere Patientinnen zu stellen haben.

Literatur

Beard DB, Haskell CM (1986) Carcinoembryonic antigen in breast cancer. Clinical review. Am J Med 80:241–245

Colomer R, Ruibal A, Salvador L (1989) Circulating tumor marker levels in advanced breast carcinoma correlate with the extent of metastatic disease. Cancer 64:1674–1681

Coombes RC, Powles TJ, Gazet J-C, Nash AG, Ford HT, McKinna A, Neville AM (1990) Assessment of biochemical tests to screen for metastasis in patients with breast cancer. Lancet 1:296–298

Cove DH, Woods KL, Smith SCH, Burnett D, Leonhard J, Grieve RJ, Howell A (1979) Tumour markers in breast cancer. Br J Cancer 40:710–718

Crombach G, Würz H, Antczak W, Rensch K, Herrmann F, Bolte A (1986) Wertigkeit des tumorassoziierten Antigens CA 15-3 beim Mammakarzinom. In: Greten H, Klapdor R (1986) Klinische Relevanz neuer monoklonaler Antikörper. 3. Hamburger Symposium über Tumormarker. Thieme, Stuttgart, S 184–194

Hayes DF, Zurawski VR, Kufe DW (1986) Comparison of circulating CA 15-3 and carcinoembryonic antigen levels in patients with breast cancer. J Clin Oncol 4:1542–1550

Heim ME, Sauer B, Schnitzler G, Haux P, Feldmann U (1984) Bedeutung des Carcinoembryonalen Antigens für die Therapiekontrolle von fortgeschrittenen Mammakarzinomen. Tumor Diagn Ther 5:220–224

Hilkens J, Kroezen V, Bonfrèr JMG, Bruning PF, Hilgers J, van Eijkeren W (1984) A sandwich-radioimmunoassay for a new antigen (Mam-6)present in the sera of patients with metastasized carcinomas. In: Peeters H (ed) Protides in the biological fluids. Pergamon, Oxford, pp 651–653

Hoffmann L, Heinzerling D, Klapdor R, Bahlo M, Müller-Hagen S, Schäfer E (1986) CA 15-3, CA 125 und CEA in der Kontrolle des klinischen Verlaufs beim metastasierten Mammakarzinom. In: Greten H, Klapdor R (1986) Klinische Relevanz neuer monoklonaler Antikörper. 3. Hamburger Symposium über Tumormarker. Thieme, Stuttgart, S 239–245

Kiricuta I, Bojan O, Comes R, Cristian R (1979) Significance of serum fucose, sialic acid, haptoglobine and phospholipids levels in the evolution and treatment of breast cancer. Arch Geschwulstforsch 49:106–112

Kreienberg R (1984) Die Bedeutung von Tumormarkern in der gynäkologischen Onkologie und beim Mammakarzinom. Thieme, Stuttgart

Kreienberg R (1989) Allgemeine und spezifische Laborparameter im Rahmen der Tumornachsorge bei gynäkologischen Malignomen und bei Mammakarzinomen. Gynäkologe 22:55–62

Kufe D, Inghirami G, Abe M, Hayes D, Justi-Wheeler H, Schlom J (1984) Differential reactivity of a novel monoclonal antibody (DF 3) with human malignant versus benign breast tumors. Hybridoma 3:223–232

Larseille W, Glaubitt D, Crass G (1985) CA 125, CA 19-9 und weitere Tumormarker im Serum bei Frauen mit Mammakarzinom. In: Greten H, Klapdor R (Hrsg) Neue tumorassoziierte Antigene. 2. Hamburger Symposium über Tumormarker. Thieme, Stuttgart, S 238–245

Likoy S (1986) Fukose-Spiegel als Tumor-Marker für Mammakarzinome und Verlaufskontrolltest nach Mammakarzinom-Therapie. Med Dissertation A, Berlin

Schlegel G, Lüthgens M, Eklund G, Björklund B (1981) Correlation between activity in breast cancer and CEA, TPA, and eighteen common laboratory procedures and the improvement by the use of CEA and TPA. Tumor Diagn 2:6–11

Schmidt-Rhode P, Schulz K-D, Sturm G, Raab-Frick A, Prinz H (1987) CA 15-3 in breast cancer; first experience with a new monoclonal test system. Med Sci Res 15:765–766

Shingleton WW, McCarty KS (1989) Breast carcinoma: an overview. Gynecol Oncol 26:271–283

Steger G, Mader R, Dittrich C, Moser E (1987) Consequences of the combination of various tumour markers with regard to the sensitivity and specificity in cases of breast carcinoma. In: Klapdor R (ed) New tumour markers and their monoclonal antibodie. 4th symposium on tumour markers, Hamburg. Thieme, Stuttgart, S 86–87

Stierer M, Rosen HR (1989) Influence of early diagnosis on prognosis of recurrent breast cancer. Cancer 64:1128–1131

Strache R-R, Briese V, Szabo DG, Than GN, Kunze M, Richter D (1987) Das Schwangerschaftsprotein-1 (SP1) im Serum von Patientinnen mit Erkrankungen der Brustdrüse. Zentralbl Gynäkol 109:274–279

Tondini C, Hayes DF, Gelman R, Henderson IC, Kufe DW (1988) Comparison of CA 15-3 and carcinoembryonic antigen in monitoring the clinical course of patients with metastatic breast cancer. Cancer Res 48:4107–4112

Treidler J, Pompecki R, Müllerleile U, Garbrecht M, Kleeberg UR (1984) Prognostische Aussage des Serum-CEA und therapiebedingte unspezifische CEA-Verläufe beim metastasierenden Mammakarzinom. Onkologie 7:328–333

Uhlenbruck G, Dati F (1986) Zur Labordiagnostik von Tumorerkrankungen. Diagn Lab 35:41–55

Van Dalen A (1989) Tumour markers in breast cancer. Ann Chir Gynaecol 78:54–64

Van Dalen A, Bonfrer JMG, Dupree HW, Heering KJ, van der Linde DL, Nooijen WJ (1986) CA 15-3 pre-operatively and during the follow-up of breast carcinoma patients. In: Greten H, Klapdor R (eds) Clinical relevance of new monoclonal antibodies. 3rd symposium on tumour markers, Hamburg. Thieme, Stuttgart, S 227–233

Vutuc C (1985) Mammakarzinom-Früherkennung im Rahmen der allgemeinen Vorsorgeuntersuchung aus epidemiologischer Sicht. Tumor Diagn Ther 6:61–63

Wandt H, Bruntsch U, Gallmeier WM (1989) Nachsorge beim Mammakarzinom. Dtsch Med Wochenschr 114:1130–1136

Wiegele J, Margreiter R, Huber C (1984) Urinary neopterin excretion in breast cancer patients. de Gruyrer, Berlin (Biochemical and clinical aspects of pteridines vol 3, pp 417–424

Wilkinson EJ, Hause LL, Sasse EA, Pattillo R, Milbrath JR, Lewis JD (1980) Carcinoembryonic antigen and L-fucose in malignant and benign mammary disease. Am J Clin Pathol 73:669–675

Winkel P (1988) The danish breast cancer group (DBCG) biochemical tumor marker programme. Acta Oncol 27:611

Würz H (1979) Serum concentrations of SP_1 (Pregnancy-specific-β1-glycoprotein) in healthy, nonpregnant individuals, and in patients with nontrophoblastic malignant neoplasms. Arch Gynecol 227:1–6

9 Bedeutung von SCC als Tumormarker bei Plattenepithelkarzinomen

9.1 Historische Entwicklung

Schon seit vielen Jahren wird versucht, spezifische Veränderungen von Substanzen oder Geweben im Rahmen des malignen Wachstums diagnostisch zu nutzen. Bei Patientinnen mit Zervixkarzinom gibt es in der Literatur schon seit Anfang der 70er Jahre Berichte über den Nachweis verschiedener Tumorantigene bzw. der mit diesen reagierenden Antikörper (Aurelian et al. 1973; Chiang et al. 1979; Haines et al. 1979; Van Nagell et al. 1979; Nelson 1974). Dabei handelte es sich zunächst um relativ unspezifische Nachweisprodukte wie im Falle des *H*erpes *S*implex *V*irus II (Aurelian et al. 1973) sowie einer als „Cervical-cancer-Antigen“; CA 58 (Ammon et al. 1988) bzw. als „Cervical-carcinoma-Antigen“; CCA (Aurelian et al. 1973) oder als tumorassoziiertes; TAA (Bates u. Longo 1985).

Erst 1977 isolierten Kato u. Torigoe (Kato u. Torigoe 1977) ein Tumorantigen aus menschlichem Zervixkarzinomgewebe. Bei diesem Tumorantigen (TA-4) handelt es sich um ein Glykoprotein mit einem Molekulargewicht von ungefähr 48 kDalton[1]. Dieses Protein läßt sich im Zytoplasma von normalen und maligne veränderten Plattenepithelien des weiblichen Genitaltrakts sowie bei Patienten mit Plattenepithelkarzinomen nachweisen. Das ursprünglich aus Lebermetastasen des Plattenepithelkarzinoms isolierte SCC-Antigen („Squamous-cell-carcinoma“) ist eine von 14 Fraktionen des TA-4.

Wie bei den meisten sogenannten Tumormarkern zeigte sich auch hier, daß eine Spezifität hinsichtlich der Diskriminierung zwischen benignem und malignem Tumor nicht gegeben ist (Kato et al. 1984a).

So fanden sich erhöhte Serumspiegel bei 24–53% der Patienten mit einem Plattenepithelkarzinom im HNO-Bereich, des Ösophagus und der Lunge (Kato et al. 1979, 1984b) und in 8–42% bei Patienten mit einem Adenokarzinom des Corpus uteri, des Ovars und der Lunge (Crombach et al. 1987; Kato et al. 1984a). Die ursprünglich beschriebenen Unterfraktionen des TA-4-Antigens konnten 1984 von Kato et al. hinsichtlich ihrer biochemischen Zusammensetzung genauer charakterisiert werden. Von den 14 Fraktionen konnten 2 Fraktionen mit unterschiedlichen isoelektrischen Punkten isoliert werden, wobei es sich in einem Falle um ein neutrales TA-4-Antigen

[1] 1 Dalton = 1,6601 × 10^{-27} kg.

(isoelektrischer Punkt 6,3–6,6) handelt, dessen Nachweis am häufigsten in nicht maligne veränderten Plattenepithelien der Zervix gelang. Andererseits fand sich ein saures TA-4 (isoelektrischer Punkt 4,9–6,2), das besonders in Gewebe und Serum von Patientinnen mit Plattenepithelkarzinomen der Zervix nachzuweisen ist. Die anfänglichen technischen Schwierigkeiten bei der Durchführung der Antigenbestimmungen konnten überwunden werden, seit 1986 ein Radioimmunoassay (SCC-RIA) zur Verfügung steht, der nur eine der beiden genannten Untereinheiten des TA-4-Antigens erfaßt. Zusätzlich steht heute ein Mikropartikelenzym-Immunoassay (MEIA) zum Nachweis dieses Antigens im Serum zur Verfügung, und es besteht außerdem die Möglichkeit des immunhistochemischen Antigennachweises im Tumorgewebe.

9.2 Bestimmungsmethoden

Die SCC-Bestimmung erfolgt in Serumproben aus venösem Blut. Der Test sollte innerhalb von 24 h nach Abnahme erfolgen, bis dahin kann das Präparat im Kühlschrank aufbewahrt werden. Bei längerer Verweilzeit ist es ratsam, die Probe bei minus 20 °C einzufrieren.

9.2.1 Radioimmunoassay (RIA)

Die Einzelheiten der Testdurchführung sind in Abb. 9.1 wiedergegeben. Für die Serum-SCC-Bestimmung wird ein Radioimmunoassay (RIA) der Fa. Abbot (Wiesbaden, Germany) verwendet. 100 µl Serum bzw. SCC-Standard (human) werden mit 200 µl ^{125}J-markiertem SCC-Antigen (Radioaktivität maximal 0,10 µCi/ml, entsprechend 3,7 kBq/ml) und 100 µl Antiserum (Kaninchen) in Polystyrolröhrchen pipettiert. Diese Probe wird gut gemischt und 20–30 h bei einer Temperatur von 15–30 °C inkubiert. Anschließend erfolgt die Zugabe von 500 µl des 2. Antikörpers (Ziege). Danach werden die Teströhrchen für weitere 30 min inkubiert und anschließend 20 min mit 2000 g zentrifugiert. Der Überstand wird abgegossen, und die Radioaktivität in den Proben wird in einem Bohrloch – Gammaszintillationszähler mit einer Effizienz von mindestens 50% für jeweils 1 min gemessen.

9.2.2 SCC-Bestimmung im Zytosol

Die Herstellung des Zytosols erfolgt wie bei der DCC-Methode zur Steroidrezeptorbestimmung (Scatchard 1949). Die Proteinkonzentration wird nach Lowry (Lowry et al. 1951) bestimmt. Die Testdurchführung entspricht dem dargestellten Verfahren mit dem SCC-RIA oder MEIA.

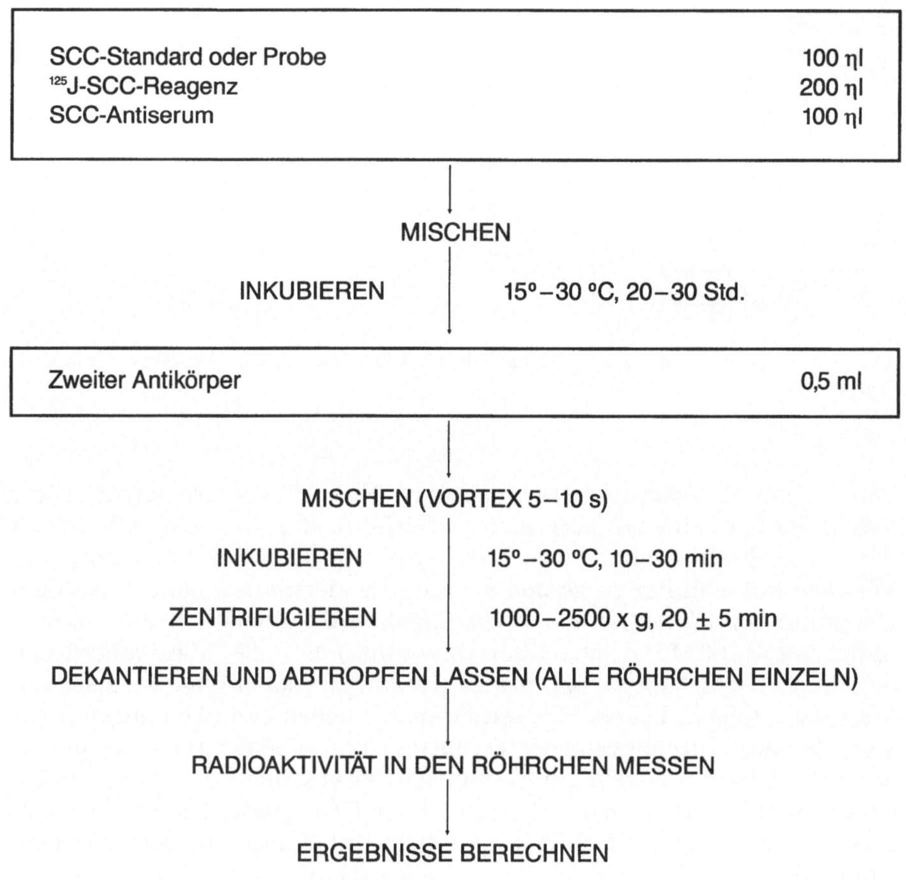

Abb. 9.1. Testdurchführung des SCC-RIA

9.2.3 SCC-MEIA (Mikrobeadenzymimmunoassay)

Seit einiger Zeit ist ein vollautomatischer Immunoassayanalyzer (IMX) der Fa. Abbot (Wiesbaden) verfügbar (Abb. 9.2). Der IMX SCC-Test ist ein Mikropartikel-Enzym-Immunoassay (MEIA) zur quantitativen Bestimmung von Plattenepithelkarzinom-assoziiertem Antigen (SCC-AG) in Humanserum oder Plasma. Die wesentlichen Vorteile dieser Testanordnung bestehen in der vollautomatisierten Bestimmung, dem Verzicht auf radioaktiv markierte Substanzen und in der Möglichkeit der Einzelprobenbestimmung, was besonders für kleine Laboratorien von Bedeutung ist. Die Apparatur besteht aus einer Reaktionszelle mit einer Probenkammer, in die 150 µl Humanserum oder Plasma gegeben werden. Der IMX pipettiert vollautomatisch zur Bildung eines Antigen-Antikörper-Komplexes antikörperbeschichtete Mikropartikel sowie die Patientenprobe in die Reaktionskammer und inkubiert das Reaktionsgemisch bei 34 °C. Anschließend wird ein 2. Anti-

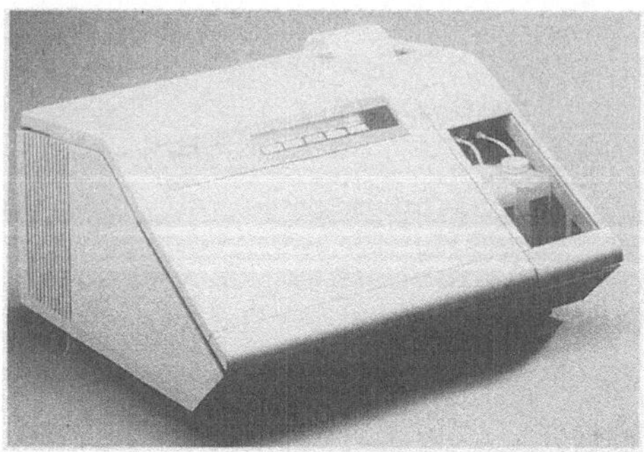

Abb. 9.2. Der Immunoassayanalyzer nach dem MEIA-Prinzip (Microbeadenzymimmunoassay)

körper zum Reaktionsgemisch pipettiert. Ein Aliquot des Reaktionsgemischs wird auf eine Glasfasermatrix überführt, die eine hohe Affinität zu den an die Matrix gebundenen Mikropartikeln hat. Durch automatisches Waschen mit dem Puffer werden alle ungebundenen Bestandteile aus dem Detektionsbereich entfernt. Anschließend wird automatisch ein Fluoreszenzfarbstoff (4-Methylumbelliferrylphosphat) auf die Matrixoberfläche pipettiert. Durch Abspaltung des 2. Antikörpers kann photometrisch die Messung erfolgen. Dieses Meßverfahren hat neben den oben angeführten Vorteilen der Einzelmessung außerdem den Vorteil, daß nur einmal monatlich eine Eichkurve erstellt werden muß und die gesamte Messung nur ca. 1 h dauert – im Vergleich zu etwa 20–30 h beim RIA. Außerdem ist die Handhabung personalsparend, da alle Pipettierschritte sowie die Messung vollautomatisch ablaufen.

9.2.4 Immunhistochemischer Nachweis des SCC-Antigens

Neben der Serumbestimmung ist auch der direkte SCC-Antigen-Nachweis im Gewebe mittels verschiedener immunhistochemischer Anfärbungen möglich. Der Nachweis ist am Gefrier- oder Paraffinschnitt möglich und wird wie üblich nach repräsentativer Aufarbeitung und HE-Gegenfärbung durchgeführt.

Der Antigennachweis kann mittels Immunperoxidasetechnik (Sternberger et al. 1970) sowie der Peroxidase-Antiperoxidase-(PAP-)Technik (Petrali et al. 1974) erfolgen. Auch eine Modifikation der PAP-Technik mit Hilfe der APAAP-(alkalische-Phosphatase-anti-alkalische-Phosphatase-)-Technik ist möglich (Janckila et al. 1985; Sternberger et al. 1970; Mason 1985; Einzelheiten der Methodik s. Kap. 10).

9.3 Klinische Bedeutung des SCC

Die Krebsvorsorge im Bereich der Cervix uteri ist bei sachgerechter Durchführung unter Einbeziehung der klassischen Untersuchungsverfahren wie Zytologie und Kolposkopie eine sehr zuverlässige Methode. Das bezieht sich sowohl auf den Ausschluß maligner Veränderungen wie auf die frühzeitige Erkennung oberflächlicher bzw. prämaligner Gewebsveränderungen. Durch die anatomische Topographie ist die Zervix gut zugänglich. Die Vorsorgeuntersuchung genießt bei den Frauen eine hohe Akzeptanz.

Im Unterschied dazu ist es bedeutend schwieriger, eine sichere Aussage hinsichtlich des klinischen Verlaufs bei Patientinnen mit einem behandelten (operierten und/oder bestrahlten) Zervixkarzinom zu machen. Dies bezieht sich v.a. auf die Möglichkeit, zwischen Tumorrezidiv oder Tumorprogression und therapiebedingten Veränderungen (Operations- oder Strahlenfolgen) eine klinisch zuverlässige Unterscheidung zu treffen. Daher haben in den letzten Jahren zunehmend laborchemische Untersuchungen an Bedeutung gewonnen, die mit Hilfe sogenannter Tumormarker die Möglichkeit bieten, Tumorrezidive bzw. Progressionen frühzeitig zu erkennen, um daraus therapeutische Konsequenzen zu ziehen.

Für Patientinnen mit einem Zervixkarzinom hat dabei die Bestimmung des SCC-Antigens eine große Bedeutung zur Überwachung von Folgetherapien und zur Rezidivfrüherkennung bzw. Metastasierung erfahren.

9.3.1 Validität des Screenings

Im optimalen Falle sollte es möglich sein, durch Bestimmung des SCC-Spiegels im Serum zwischen gut- und bösartigen Befunden zu unterscheiden bzw. bei unklarer Organzuordnung im kleinen Becken einen Hinweis auf die Primärtumorlokalisation zu erhalten.

Entscheidende Voraussetzung für die routinemäßige Bestimmung eines Tumormarkers sind Untersuchungen hinsichtlich der Sensitivität und Spezifität. Aus diesem Grunde wurde SCC bei gesunden Patientinnen (Blutspender, Uterus myomatosus) sowie bei Patientinnen mit Karzinomvorstufen der Gruppen CIN I–III, bei primären Karzinomen der Cervix uteri sowie im Stadium der Remission bzw. der Progression untersucht.

Tabelle 9.1 zeigt die Ergebnisse der SCC-Bestimmungen bei 264 gesunden Blutspenderinnen, 118 Frauen mit Genitalveränderungen sowie bei 908 Frauen mit präinvasiven und invasiven gynäkologischen Neoplasien. Die höchsten Antigenkonzentrationen finden sich mit 50–70% beim primären und rezidivierenden Zervixkarzinom sowie in 42% beim Vulvakarzinom. Auch beim primären Adenokarzinom der Zervix waren in 23% der Fälle erhöhte SCC-Werte nachweisbar. Ebenfalls erhöhte SCC-Werte fanden sich in 3–17% bei anderen gynäkologischen Malignomen (Mamma, Ovar, Endometrium). In 7% der Fälle waren die Werte bei präinvasiven Zervixverände-

Tabelle 9.1. SCC-Antigenkonzentrationen bei Normalpersonen und Frauen mit präinvasiven und invasiven gynäkologischen Neoplasien (Crombach et al. 1989b)

Kollektiv	n	SCC-Antigen >2,5 ng/ml n	[%]
Blutspenderinnen	264	11	(4)
Benigne Genitalveränderungen	118	3	(3)
CIN I–III[a]	70	5	(7)
Primäres Zervixkarzinom	304	160	(53)
– Plattenepithelkarzinom	282	155	(55)
– Adenokarzinom	22	5	(23)
Rezidivierendes Zervixkarzinom	98	65	(66)
– Plattenepithelkarzinom	86	65	(76)
– Adenokarzinom	12	0	(0)
Remission nach Zervixkarzinom	115	3	(3)
Vulvakarzinom	12	5	(42)
Vaginalkarzinom	6	1	
Endometriumkarzinom	76	6	(8)
– Adenokarzinom	61	1	(2)
– Adenoakanthom	7	1	
– adenosquamöses Karzinom	8	4	
Ovarialkarzinom	30	5	(17)
Mammakarzinom	79	2	(3)

[a] Zervikale intraepitheliale Neoplasie.

rungen (CIN I–III) erhöht in 3 bis 4% bei gutartigen Genitalveränderungen bzw. gesunden Blutspenderinnen. De Bruijn (1987) berichtet über 12% erhöhter SCC-Spiegel bei Carcinoma in situ bzw. mikroinvasiven Karzinomen. Zu ähnlichen Ergebnissen kommt die Arbeitsgruppe und Fuith u. Daxenbichler (1988), die bei einem Grenzwert von 2 ng/ml in 68% einen erhöhten Wert bei Patientinnen mit Zervixkarzinom der Stadien I–IV fanden, dagegen nur in 21% beim Endometriumkarzinom und in 1,8% bei gesunden und schwangeren Patientinnen. Wenn der Grenzwert bei über 4 ng/ml gesetzt wird, findet sich bei den Nichtplattenepithelkarzinomen kein falsch positiver Wert. Die gleiche Arbeitsgruppe hat auch Ergebnisse der SCC-Bestimmung in Zytosol und Aszites bei verschiedenen Karzinomen sowie bei Malignomen der Brust, des Endometriums, des Ovars sowie in der Dezidua publiziert (Tabelle 9.2). Dies Untersuchungen zeigen, daß auch bei zahlreichen benignen Erkrankungen die SCC-Serumwerte in einem so hohen Prozentsatz erhöht sind, daß eine differentialdiagnostische Abgrenzung gegen eine maligne Erkrankung praktisch nicht möglich ist. Untersuchungen von Fischbach u. Rink (1988) sowie Ammon et al. (1988) zeigten, daß auch bei Patienten mit entzündlichen Lungenerkrankungen oder Nierenfunktionsstörungen pathologisch erhöhte SCC-Konzentrationen auftreten können, wobei im letzteren Fall mit 53% die Positivrate gleich hoch war wie bei Plattenepithelkarzinomen der Lunge. Möglicherweise ist dieses Ergebnis durch die Metabolisierung des SCC über die Niere zu erklären, wofür die

Tabelle 9.2. SCC-Konzentrationen im Zytostol und Aszites bei verschiedenen gynäkologischen Malignomen (Fuith u. Daxenbichler 1988)

Zytosol/Aszites	Patient Nr.	SCC-Konzentration
a) Zytosol		[ng/g]
Plattenepithelkarzinom der Zervix	1	4000
	2	>6000
	3	5000
	4	>3000
	5	3750
	6	>6000
	7	3750
	8	325
Ovarialkarzinom	9	160
	10	<30
	11	190
	12	220
	13[a]	160
Endometriumschleimhaut	14	325
	15	2500
Dezidua	16	1600
Mammakarzinom	17	<30
	18	<30
b) Aszites		[ng/ml]
Endometriumkarzinom	19	<7,5
Ovarialkarzinom	20	<7,5

Korrelation von SCC und Serumkreatinin spricht. Demgegenüber fanden Geyer et al. (1989) sowohl bei unbehandelten als auch bei rezidivierenden Zervixkarzinomen keine Korrelation zwischen SCC- und Kreatininkonzentration. Aber auch diese Autoren fanden in einigen Fällen erhöhte Werte bei Nichtplattenepithelkarzinomen der Zervix.

Diese hohen Raten falsch positiver Befunde bei SCC-Bestimmung bei Patientinnen mit benignen Erkrankungen sowie gutartigen Begleiterkrankungen macht deutlich, daß eine prätherapeutische SCC-Bestimmung im Serum als alleiniger Parameter weder zur Tumorfrühdiagnostik noch zur Definition von Risikogruppen geeignet ist. Trotzdem ist die Bestimmung vor Therapiebeginn für die weitere Verlaufsbeurteilung sinnvoll (s. 9.4).

9.3.2 Tumorstadium, Lymphknotenstatus und Grading

Ein weiterer wichtiger Gesichtspunkt zur Beurteilung der Wertigkeit des SCC als Tumormarker ist die Korrelation zwischen Positivrate und Tumorstadium. Nach Untersuchungen von Crombach et al. (1987) fanden sich keine erhöhten Werte bei präinvasiven Stadien, aber eine kontinuierliche

Tabelle 9.3. SCC-Konzentration in Abhängigkeit vom Stadium primärer Plattenepithelkarzinome der Cervix uteri (Crombach et al. 1987)

Stadium (FIGO)	Gesamtzahl Pat. n	>2,5 ng/ml n	%	Bereich [ng/ml]	Median [ng/ml]
0	13	0	0	0,8–2,2	1,1
I	22	7	32	0,5–9,7	1,9
II	28	17	61	0,5–17,6	3,5
III	24	20	83	0,5–80,4	11,5
IV	11	9	82	1,2–162,0	16,7

Tabelle 9.4. SCC-Konzentration in Abhängigkeit vom histologisch gesicherten iliakalen Lymphknotenstatus bei Plattenepithelkarzinomen der Stadien Ia–IIb (Crombach et al. 1989)

	N_0 SCC-Konzentration im Serum [μg/ml]			N_1 SCC-Konzentration im Serum [μg/ml]			
Stadium (FIGO)	>2,5 n	[%]	Median x̄	>2,5 n	[%]	Median x̄	Signifikanz N_0/N_1
I a	1 von 10	(10)	1,5	–	–	–	–
I b	10 von 42	(24)	1,6	10 von 15	(67)	3,7	p = 0,0002
II a	6 von 17	(35)	1,6	2 von 5	–	2,0	p = 0,78
II b	9 von 21	(43)	2,0	8 von 10	(80)	2,8	p = 0,58
Gesamt	26 von 90	(29)	1,7	20 von 30	(67)	2,8	p = 0,0005

Zunahme bei Patientinnen mit einem primären Zervixkarzinom von 32% im Stadium I bis 61% im Stadium II, 83% im Stadium III und 82% im Stadium IV (Tabelle 9.3). Eine ähnliche Korrelation findet sich beim gleichen Autor (Crombach et al. 1989b) bei Einbeziehung des histologisch gesicherten iliakalen Lymphknotenstatus bei operierten Patientinnen mit Plattenepithelkarzinom der Zervix Stadium Ia–Ib (Tabelle 9.4). Dabei ergeben sich bei lymphknotenpositiven Patientinnen deutlich höhere Werte als bei lymphknotennegativen Patientinnen des gleichen Stadiums. Auch in Untersuchungen von de Bruijn et al. (1987) finden sich höhere SCC-Konzentrationen in vergleichbaren Tumorstadien bei modalpositiven Patienten mit primären Zervixkarzinom. Identische studienbezogene Prozentverteilungen berichte auch Montag (1990), davon auch 16% erhöhte Werte bei Dysplasie und 64% bei Rezidiverkrankungen.

Ähnliche Ergebnisse finden sich auch bei Maruo et al. (1985), wobei allerdings bei 30% der Fälle in den Stadien Ia–IIIb ein normaler SCC-Wert gefunden wurde. Untersuchungen von Kato et al. (1982) zeigen ebenfalls bei frühinvasiven Fällen (Invasionstiefe histologisch geringer als 3 mm) in bis zu 90% normale SCC-Werte.

Der histologische Tumortyp scheint keinen Einfluß auf die Höhe der SCC-Konzentration zu haben. Geyer et al. (1989) fanden keine Unterschiede in der Antigenkonzentration bei verhornenden und nichtverhornenden primären Plattenepithelkarzinomen der Zervix und auch keine Unterschiede entsprechend dem Grading.

9.4 Bedeutung des SCC als Verlaufsparameter

Die regelmäßige Bestimmung des SCC nach Abschluß der Primärbehandlung dient bei kurativer Ausgangssituation dem frühzeitigen Erkennen eines Tumorrezidivs, bei palliativer Situation dem Monitoring einer weiterführenden Therapie bzw. der Behandlung von drohenden Komplikationen.

Abbildung 9.3 zeigt den Verlauf der SCC-Konzentration bei serieller Bestimmung über 120 h bei Patientinnen mit einem primären Zervixkarzi-

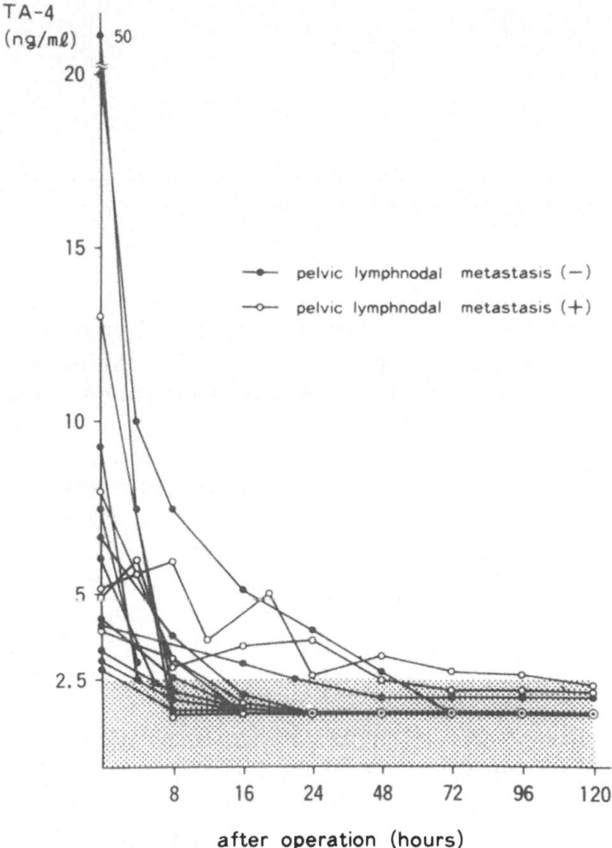

Abb. 9.3. TA-4-Konzentrationen im Serum vor und nach radikaler Hysterektomie bei Patientinnen mit Plattenepithelkarzinom der Zervix (Maruo et al. 1985)

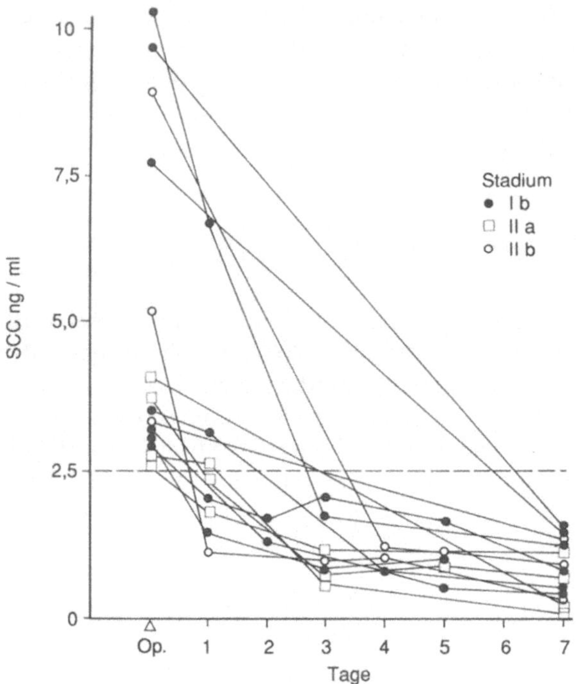

Abb. 9.4. Postoperative SCC-Verlaufskontrolle nach radikaler Hysterektomie bei Zervixkarzinompatientinnen der Stadien Ib–IIb (Crombach et al. 1987)

nom und radikaler Hysterektomie einschließlich einer pelvinen Lymphonodektomie (Maruo et al. 1985). Dabei zeigte sich ein rascher Abfall der Tumormarkerkonzentration postoperativ innerhalb von 8 h bei Patientinnen mit histologisch negativen pelvinen Lymphknoten. Im Falle des metastatischen Befalls dieser Lymphknoten erfolgte der Abfall deutlich langsamer und erreichte erst nach ca. 48 h einen Normalwert. Diese Verläufe waren unabhängig von der Markerkonzentration zum Zeitpunkt der Operation.

Vergleichbare Ergebnisse finden sich bei Untersuchungen von Crombach et al. (1987), wo die erhöhten Werte stadienabhängig nach 7 Tagen postoperativ in den Normbereich abgefallen sind (Abb. 9.4). Dieser Konzentrationsabfall präoperativ erhöhter Werte innerhalb von 7 Tagen nach radikaler Hysterektomie ist ein Hinweis für die kurze Halbwertzeit des Tumorantigens von weniger als 24 h (Maruo et al. 1985).

Auch zur Verlaufskontrolle bei ausschließlich bestrahlten Patientinnen liegen Ergebnisse der SCC-Bestimmung vor (Abb. 9.5). Untersuchungen von Maruo et al. (1985) zeigen einen Abfall der Markerkonzentration mit steigender Strahlendosis. Während es zunächst bis zu einer Dosierung von 20 Gy zu einem leichten Markeranstieg kommt, fallen die SCC-Werte nach einer Dosis von 40 Gy deutlich ab. Nach einer Gesamtdosis von 60 Gy befin-

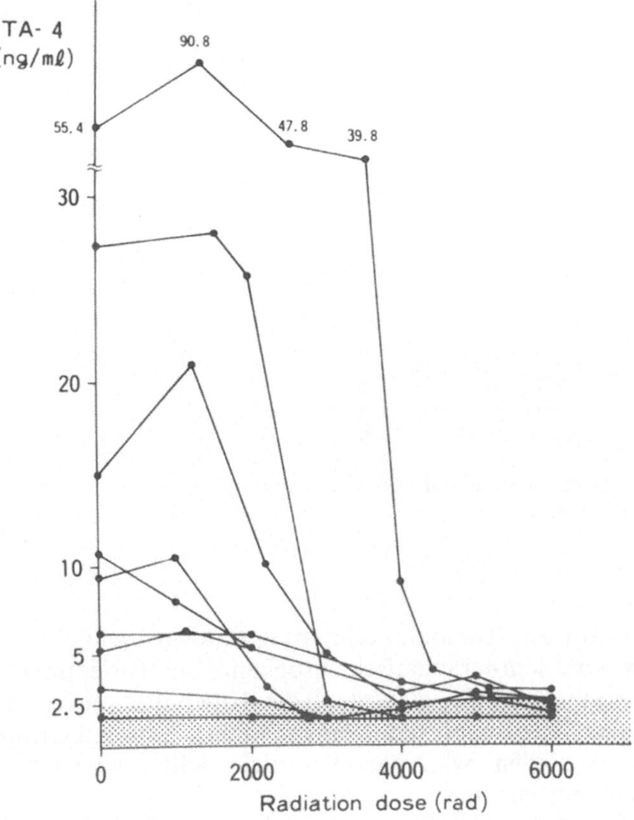

Abb. 9.5. TA-4-Serumkonzentrationen vor und nach primärer Strahlentherapie beim Plattenepithelkarzinom der Zervix (Maruo et al. 1985)

den sich alle Werte im Normbereich. In dieser Untersuchung wurden parallel zu den Tumormarkerbestimmungen auch histologische Untersuchungen des Primärtumors vorgenommen. Dabei korrelierte der Grad der Devitalisierung von Tumorzellen mit dem Markerabfall.

Über ähnliche Ergebnisse mit initialem SCC-Anstieg und ausschließendem kontinuierlichem Abfall berichten auch Senekijan et al. (1987) sowie Wagner et al. (1990).

Die serielle Bestimmung von Tumormarkern kann im Falle prätherapeutisch erhöhter Werte, die nach der initialen Behandlung in den Normalbereich abgefallen sind, als Verlaufsparameter dienen. Abbildung 9.6 zeigt die Verläufe der SCC-Antigenkonzentration bei kombiniert behandelten Patientinnen mit einem Zervixkarzinom der Stadien Ib–IIIb mit anhaltender Vollremission über 36 Monate.

In der Behandlung fortgeschrittener Zervixkarzinome wird zunehmend eine systemische medikamentöse Therapie mit Zytostatika eingesetzt. Diese

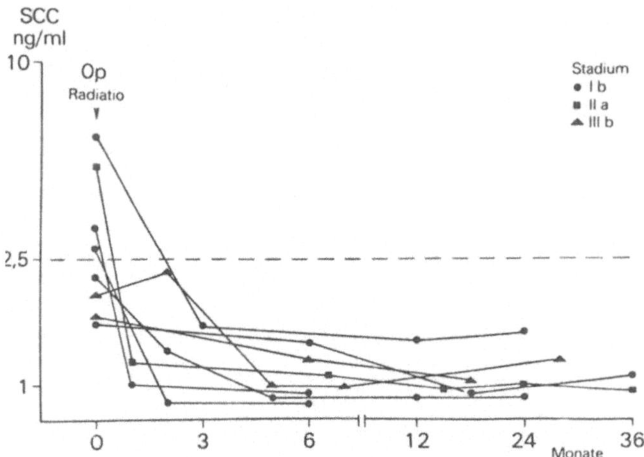

Abb. 9.6. SCC-Verläufe bei Patientinnen mit Zervixkarzinom nach primärer Operation und Bestrahlung (Crombach et al. 1987)

erfolgt sowohl präoperativ zur Tumorverkleinerung („down staging“) wie auch bei operativ bzw. strahlentherapeutisch ausbehandelten Patientinnen. Trotz der Remissionsraten von 50–80% sind die Ergebnisse nicht von Dauer. Auch wenn sich Responder von Nonrespondern hinsichtlich der Überlebenszeiten unterscheiden, wird nur in wenigen Fällen eine Überlebenszeit von 2 Jahren überschritten.

Die Einsatzmöglichkeit der SCC-Bestimmung für das Monitoring des Ansprechens einer Chemotherapie zeigt Abb. 9.7. Bei 5 Patientinnen kam es innerhalb von 3 Monaten unter Chemotherapie zu einer Normalisierung von prätherapeutisch z.T. deutlich erhöhten SCC-Werten. In allen Fällen kam es aber nach 7–8 Monaten, d.h. nach Absetzen der Therapie, zu einem erneuten Anstieg des Tumormarkers, wodurch sich in der Folgezeit ein klinischer Progreß nachweisen ließ.

Diese Beobachtungen decken sich mit den Ergebnissen von Senekijan et al. (1987), Trope et al. (1983), Rosenthal et al. (1983) und Wagner et al. (1990).

Abbildung 9.8 zeigt SCC-Verläufe bei klinischer Progression unter Chemotherapie. Diese Verlaufskontrolle demonstriert die Bedeutung des Einsatzes von Tumormarkerbestimmungen bei Anwendung nebenwirkungsreicher systemischer Therapien. Bei diesen Patientinnen war es nur kurzfristig zum Abfall der Tumormarkerkonzentration gekommen, danach auch unter Weiterführung der Therapie zu erneutem Anstieg. Es handelte sich auch klinisch um gesicherte Progressionen, was sinnvollerweise den Abbruch der Chemotherapie nach sich ziehen sollte.

In Untersuchungen von Meier et al. (1989b) zeigte sich bei 29 Patientinnen eine klare Korrelation zwischen dem klinischen Verlauf und der Tumor-

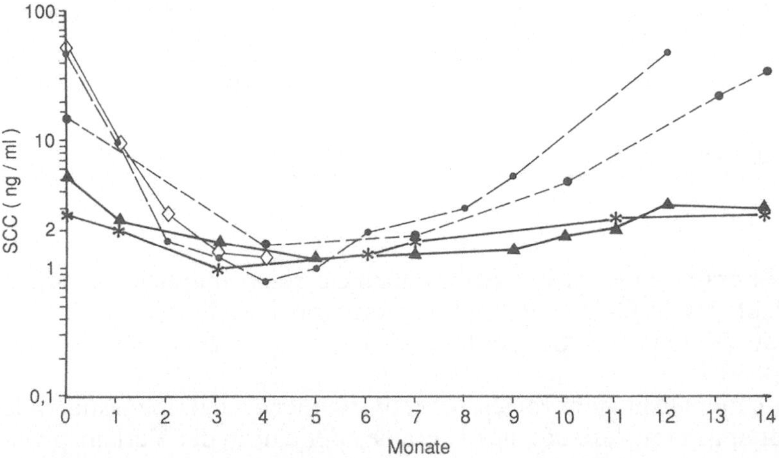

Abb. 9.7. SCC-Verläufe bei Zervixkarzinompatientinnen mit Remission unter Chemotherapie und späterem Progreß (Meier et al. 1989b)

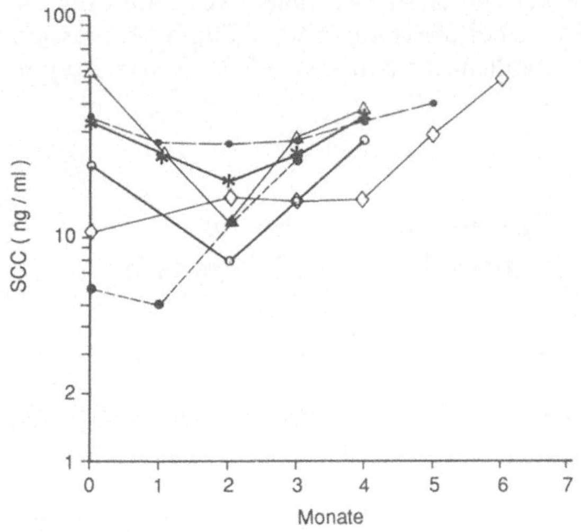

Abb. 9.8. SCC-Verläufe bei Zervixkarzinompatientinnen mit primärer Progression unter Chemotherapie (Meier et al. 1989b)

markerkonzentration im Serum (Tabelle 9.5). Bei 13 Patientinnen kam es unter der Chemotherapie zu schnell abfallenden SCC-Werten in den Normbereich. Klinisch konnte dabei eine Remission nachgewiesen werden. Im Unterschied dazu stiegen die Werte bei 16 Patientinnen unter Chemotherapie an, was klinisch einer Tumorprogression entsprach.

Tabelle 9.5. Korrelation von SCC-Konzentration und klinischem Verlauf unter Chemotherapie (Meiers et al. 1989b)

Verlauf unter Chemotherapie	SCC abfallend	SCC ansteigend
Primäre Remission	13	0
Primäre Progression	0	16

In der Literatur finden sich in vielen Fällen Übereinstimmungen zwischen dem Verlauf des SCC-Spiegels und Tumorregression, Tumorprogression oder Rezidiv (Kato et al. 1982; Keuter et al. 1987; Maruo et al. 1985; Senekijan et al. 1987).

Diese Untersuchungen zeigen übereinstimmend, daß persistierende SCC-Erhöhungen im Verlauf einer Therapie oder eine in der Verlaufsbeobachtung nachweisbare Konversion von prätherapeutisch normalen zur pathologischen SCC-Werten einer Tumorpersistenz oder dem Auftreten eines Rezidivs entsprechen.

Dabei korrelieren ansteigende Werte häufig mit Tumorprogression bzw. -rezidiv, persistierend erhöhte Werte sind prognostisch ungünstig, abfallende Werte bei Verlaufskontrollen finden sich bei objektiver Tumorregression, obwohl es auch Markerabfälle bei „no change" bzw. Tumorprogression gibt. Somit schließt ein SCC-Abfall unter den Cut-off-Wert von 2 ng/ml einen Tumorrest nicht aus.

9.5 Ursachen „falscher" Tumormarkerbefunde und Möglichkeiten für eine zuverlässigere Diagnostik

Die klinische Erfahrung zeigt, daß eine Vielzahl der in der Routinediagnostik genutzten Tumormarker sowohl bei gesunden Patientinnen einen falsch positiven Wert anzeigen können (Crombach et al. 1989b) als auch umgekehrt bei gesichertem Tumorbefall einen „falsch" negativen, d.h. im Normbereich liegenden Wert ergeben können. In Tabelle 9.6 sind einige der möglichen Ursachen für solche diskrepanten Laborbefunde zusammengestellt und verschiedene Möglichkeiten für die verbesserte Diagnostik aufgezeigt. Eigene Untersuchungen haben gezeigt, daß auch bei klinisch ausgedehnten Tumoren die SCC-Serumwerte im Normbereich liegen können. Die immunhistochemische Untersuchung des Tumorgewebes ergab, daß es sich häufig um heterogene Tumoren mit nur fokaler Antigenexpression oder Tumoren mit unterschiedlichen Zellklonen handelte. Dieses quantitative Problem könnte auch die Ursache für normale Serumkonzentrationen bei kleiner Primärtumormasse bzw. bei Karzinomvorstufen der Stadien CIN I–III mit fehlender oder verminderter Genexpression sein. In all diesen Fällen bietet sich für eine Optimierung der Serumbestimmungen eine routinemäßige immunhisto-

Tabelle 9.6. Mögliche Ursachen für „falsche" Tumormarkerbefunde und diagnostische Hilfsmittel

Ursachen	Untersuchungsmöglichkeit
Kleine Tumormasse, fehlende oder verminderte Antigenexpression	Immunhistochemie
Heterogenität der Tumoren (nur fokale Antigenexpression)	Immunhistochemie
Membranstörungen defekter Releasemechanismus	Immunhistochemie, Gradient Zytosol/Serum
Iatrogene Ursachen: Instabilität, Medikamente	Kurzfristige Kontrolle unter Begleittherapie; Beachtung der Thermolabilität

Tabelle 9.7. Immunhistochemischer Antigennachweis (*IH*) und Konzentrationserhöhungen von CEA und SCC im Serum (*S*) bei Patientinnen mit Plattenepithelkarzinomrezidiv der Zervix (Albrecht et al. 1989)

	CEA (n)	SCC (n)
$IH_+ S_+$	16	43
$IH_- S_-$	44	25
$IH_+ S_-$	14	9
$IH_- S_+$	16	0

chemische Untersuchung des Primärtumors an (s. Kap. 10), wobei sich aus Kostengründen nur die immunhistochemisch „positiven" Tumoren für eine nachfolgende Serumverlaufskontrolle eignen. In eigenen Untersuchungen auch mit verschiedenen anderen Tumormarkern wurde bei fehlendem immunhistochemischen Antigennachweis in keinem Falle bei der weiteren Serumbestimmung ein pathologisch erhöhter SCC-Wert gefunden (s. Tabelle 9.7).

Eine weitere Fehlermöglichkeit besteht möglicherweise im Bereich der Zellmembran, d.h. es findet zwar eine Antigenexpression im Gewebe statt, aufgrund eines Membrandefekts kommt es aber nicht zum Übertritt in die Blutbahn. In umfangreichen Untersuchungen mit verschiedenen Tumormarkern bei unterschiedlichen Tumorentitäten konnten wir dieses Phänomen mit Hilfe der Gradientenbestimmung nachweisen (Albrecht et al. 1989). Dabei erfolgt die Bestimmung der Tumormarkerkonzentration parallel im Serum und im Tumorzytosol.

Abbildung 9.9 verdeutlicht dies am Beispiel der SCC-Werte bei Plattenepithelkarzinomen der Cervix uteri, wobei die Konzentrationen im Serum nur in wenigen Fällen über dem Grenzwert von 2 ng/ml lagen; dagegen ergab die gleichzeitige Bestimmung der Markerkonzentration im Zytosol in fast allen Fällen pathologisch erhöhte Werte.

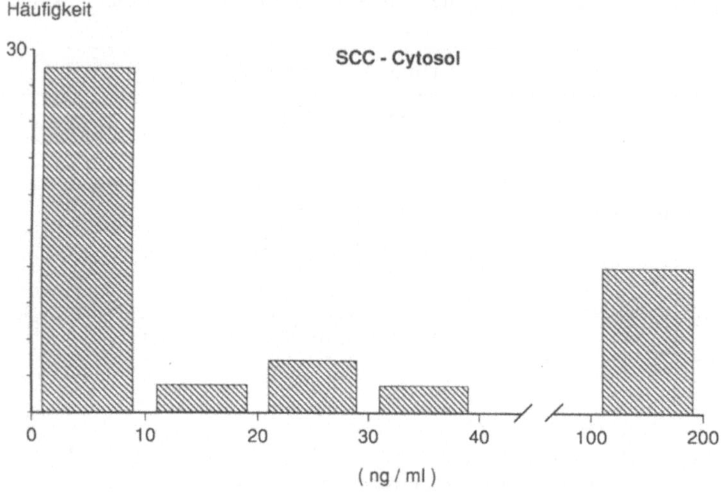

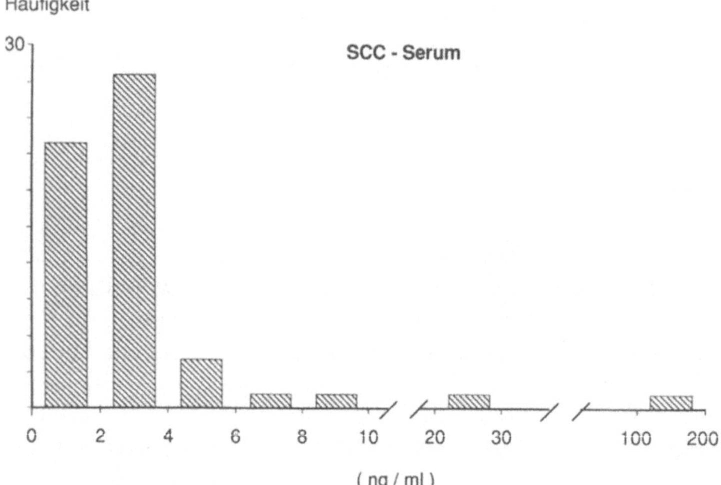

Abb. 9.9. SCC-Gradientenbestimmungen im Tumorzytosol und im Serum von Patientinnen mit Zervixkarzinomen der Stadien II–IV

Auch laborbedingte Einflüsse sollten mit in Betracht gezogen werden, insbesondere die mögliche Störanfälligkeit durch die zeit- und temperaturabhängige Instabilität der Tumormarker. Das gilt auch für eine medikamentöse Begleittherapie (Oremek et al. 1989, 1991). In diesen Fällen empfiehlt sich eine kurzfristige Kontrolle unter Vermeidung dieser möglichen Störfaktoren (s. Tabelle 9.7).

Tabelle 9.8. Remissionsraten und -dauer sowie Überlebenszeiten bei 33 Patientinnen mit Zervixkarzinom unter einer Bleomycin/Mitomycin C-Therapie (Trope et al. 1983)

	n	[%]	Remissions-dauer [Monate]	Überlebenszeit [Monate]
Komplette Remission	5	15	12	≥28
Partielle Remission	7	21	6	10,5
No change	9	27	5	9,6
Progression	12	36	0	7,6

9.6 Lead time und prognostische Bedeutung

Untersuchungen an großen Patientenkollektiven zeigen, daß in vielen Fällen der Wiederanstieg des SCC dem klinisch-radiologischen Nachweis des Rezidivs zeitlich deutlich vorangeht.

Diese Vorlaufzeit („lead time") betrug nach den Ergebnissen von Kato et al. (1984b) und Geyer et al. (1989) bei über 60% der Patienten durchschnittlich 4–6 Monate. Damit würde sich in vielen Fällen die Möglichkeit einer erneuten Therapieintervention unter kurativen Gesichtspunkten bieten.

Hohe prätherapeutische Ausgangswerte und deren Veränderungen unter verschiedenen therapeutischen Maßnahmen erlauben eine Beurteilung der Effizienz der Primärbehandlung. Darüber hinaus stehen diese Serumspiegel zur tatsächlichen Tumormasse und zur Prognose der Erkrankung in enger Korrelation. So konnten Kato et al. (1984b) zeigen, daß Patientinnen mit operiertem Zervixkarzinom des Stadiums II und strahlentherapeutisch behandelte Karzinome der Stadien II–IV bei prätherapeutisch 3fach über die Norm erhöhten SCC-Spiegeln signifikant höhere Rezidivraten hatten als Patientinnen mit initial normalen Tumormarkerwerten. Nach Untersuchungen von Crombach et al. (1989b) kommt auch postoperativ erhöhten SCC-Spiegeln eine prognostische Bedeutung zu: In diesen Fällen kam es doppelt so häufig (92%) zu einem Rezidiv wie bei normalen Serumspiegeln (41%).

Vergleichbar den Ergebnissen bei anderen Tumorentitäten findet sich eine klare Korrelation zwischen dem Ansprechen auf Therapie und der Remissions- bzw. Überlebensdauer. Tabelle 9.8 zeigt die Ergebnisse einer Therapie mit Bleomycin und Mitomycin C. Dabei fanden sich deutlich bessere Ergebnisse für die Gruppe der Responder verglichen mit den Nonrespondern, bei denen es unter Chemotherapie zu einer primären Progression gekommen war.

9.7 Empfehlungen für den Einsatz der SCC-Bestimmung

1) Als Screeningmethode bzw. zur Früherkennung prämaligner Veränderungen (CIN) und bei kleiner Tumormasse ist die SCC-Bestimmung nicht geeignet.
2) Der klinische Schwerpunkt liegt in der Rezidiverkennung und Therapieverlaufskontrolle. Diagnostische Verbesserungen sind durch eine differenzierte Primärdiagnostik möglich (Immunhistochemie, Gradientenbestimmung). Durch Vorverlegung der Rezidivdiagnose anhand eines Markeranstiegs ist häufig noch eine kurative Therapiealternative möglich (Radiatio, Exenteration).
3) Tumormarkeranstiege (bzw. nicht eindeutiger Abfall) sollten bei palliativer Zielsetzung der Behandlung (Chemotherapie) zum Therapieabbruch führen. Dabei ist auf passagere Anstiege bei initialer Strahlentherapie hinzuweisen.
4) Bei kurativer Therapieplanung sollten bei SCC-Anstieg entsprechende diagnostische und therapeutische Konsequenzen frühzeitig, d.h. vor Einsetzen von klinischen Symptomen erfolgen.

Literatur

Albrecht M, Oremek G, Gaußmann A (1989a) Value of CA 15-3, CEA and MCA in cytosol and serum in breast carcinoma patients. In: Klapdor R (ed) Recent results in tumor diagnosis and therapy. Zuckschwerdt, München, p 120

Albrecht M, Reuter S, Oremek G, Gaußmann A (1989b) CEA, CA 15-3 and CA 50 im sera and tumor tissue in patients with breast cancer. In: Klapdor E (ed) Recent results in tumor diagnosis and therapy. Zuckschwerdt, München, p 72

Ammon A (1989) Die klinische Bedeutung der Tumormarker. Gynecologica 13:128–133

Ammon A, Eiffert H, Weber MH, Rummel J, Niemann J (1988) Tumormarker bei dialysepflichtiger Niereninsuffizienz. Onkologie 11:260–262

Aurelian L, Davis HJ, Julian CG (1973) Herpes-virus type 2 induced tumor-specific antigen in cervical carcinoma. Am J Epidemiol 98:1

Bates SE, Longo DL (1985) Tumor markers: value and limitations in the management of cancer patients. J Natl Cancer Inst 3:163

de Bruijn, Duk MJ, Feuren GJ, Kraus M, ten Hoor KA, Aalders JG (1987) The tumor markers CA 125 and SCC in gynecological oncology. In: Klapdor R (ed) New tumor markers and their monoclonal antibodies. Thieme, Stuttgart, pp 113–121

Chiang WT, Chen KCS, Alexander ER (1979) Cervical cancer antigen (CA –58). In: Herberman RB (ed) Compendium of assays for immunodiagnosis of human cancer. Elsevier/North-Holland, New York, pp 248–255

Crombach G, Würz H, Bolte A (1987) Bestimmung des SCC-Antigens im Serum von Patientinnen mit Zervixkarzinom. Geburtshilfe Frauenheilkd 47:439–445

Crombach G, Scharl A, Vierbuchen M, Würz H, Bolte A (1989a) Detection of squamous cell carcinoma antigen in normal squamous epithelia and in squamous cell carcinomas of the uterine cervix. Cancer 63:1337–1342

Crombach G, Würz H, Horrmann F et al. (1989b) Bedeutung des SCC-Antigens in der Diagnostik und Verlaufskontrolle des Zervixkarzinoms. Eine kooperative Studie der Gynäkologischen Tumor-Marker-Gruppe (GTMG). Dtsch Med Wochenschr 114:700–705

Duk JM, Aalders JG, Fleuren GJ, Kraus M, de Bruijn HWA (1989) Tumor markers CA 125, squamous cell carcinoma antigen, and carcinoembryonic antigen in patients with adenocarcinoma of the uterine cervix. Obstet Gynecol 73:661–668

Fischbach W, Rink C (1988) SCC-Antigen: ein sensitiver und spezifischer Tumormarker für Plattenepithelkarzinome? Dtsch Med Wochenschr 113:289–293

Fuith LC, Daxenbichler G (1988) Squamous cell carcinoma antigen in patients with cancer of the uterine cervix. Gynecol Obstet Invest 26:77–82

Geyer H, Schwörer D, Pfleiderer A (1989) SCC-(Squamous Cell Carcinoma-)Antigen als Tumormarker bei Zervixkarzinomen. Geburtshilfe Frauenheilkd 49:266–271

Haines HG, Nordqvist S, Ng ABP, Leif R (1979) Cervical carcinoma antigen (CCA). In: Herbermann RB (ed) Compendium of assays for immunodiagnosis of human cancer. Elsevier/North-Holland, New York, pp 227–235

Herbermann RB (1979) Tumor associated antigens (TAA) and circulating TAA. In: Herbermann RB (ed) Compendium of assays for immunodiagnosis of human cancer. Elsevier/North-Holland, New York

Ibrahim AH, Nahmias A (1979) Tumor-associated antigens (TAA) and circulating TAA. In: Herbermann RB (ed) Compendium of assays for immunodiagnosis of human cancer. Elsevier/North-Holland, New York, pp 89–96

Janckila AJ, Yam LT, Li CY (1985) Immunoalkaline phosphatase cytochemistry. Technical considerations of endogenous phosphatase activity. Am J Clin Pathol 84:476–480

Kato H, Torigoe T (1977) Radioimmunoassay for tumor antigen of human cervical squamous cell carcinoma. Cancer 40:1621–1628

Kato H, Miyanchi F, Morioka H, Fujino T, Torigoe T (1979) Tumor antigen of human cervical squamous cell carcinoma. Cancer 43:585–590

Kato H, Morioka H, Tsutsui H, Aramaki S, Torigoe T (1982) Value of tumor antigen (TA-4) of squamous cell carcinoma in predicting the extent of cervical cancer. Cancer 50:1294–1296

Kato H, Nagaya T, Torigoe T (1984a) Heterogeneity of a tumor antigen TA-4 of squamous cell carcinoma in relation to its appearance in the circulation. Gann 75:433–435

Kato H, Tamai K, Morioka H, Nagai M, Nagaya T, Torigoe T (1984b) Tumor-antigen TA-4 in the detection of recurrence in cervical squamous cell carcinoma. Cancer 54:1544–1546

Keuter G, Boufrer JMG, Heintz APM (1987) Pretreatment tumour-antigen TA-4 in serum of patients with squamous cell carcinoma of the uterine cervix. Br J Cancer 56:157–158

Lowry OH, Rosebrough NJ, Farr AL, Randall RJ (1951) Protein measurement with the Folin phenol reagent. J Biol Chem 193:265–275

Maruo T, Skibata K, Kimura A, Hoshina M, Mochizuki M (1985) Tumor-associated antigen, TA-4, in the monitoring of the effects of therapy for squamous cell carcinoma of the uterine cervix. Cancer 56:302–308

Mason DY (1985) Immunocytochemical labeling of monoclonal antibodies by the AP-AAP immunoalkaline phosphatase technique. In: Bullock GR, Retrusz P (eds) Techniques in immunocytochemistry, vol 3. Academic, London, pp 25–42

Meier W, Eiermann W, Stieber P, Fateh-Moghadam A, Hepp H (1989a) SCC- und CEA-Verlauf als Prognosekriterium für das Ansprechen einer Chemotherapie beim Zervixkarzinom. Geburtshilfe Frauenheilkd 49:1050–1055

Meier W, Stieber P, Fateh-Moghadam A, Eiermann W, Hepp H (1989b) Erfahrungen mit SCC-Antigen, einem neuen Tumormarker für Karzinome der Cervix uteri. Geburtshilfe Frauenheilkd 49:625–629

Montag TW (1990) Tumor markers in gynecology oncology. Obstetrical Gynecological Survey 45:94–102

Nelson DS (1974) Antigens of carcinoma of the cervix uteri. Clin Exp Immunol 16:53

Oremek G, Albrecht M, Seiffert KB (1991) MCA – ein Tumormarker für Mammakarzinom? Klin Lab 346–348

Oremek G, Albrecht M, Gaußmann A (1989) Stability and value of CA 15-3, MCA and CEA in breast carcinoma. In: Klapdor R (ed) Recent results in tumour diagnosis and therapy. Zuckschwerdt, München, p 71

Petrali JP, Hinton DM, Moriarty GC, Sternberger LA (1974) The unlabeled antibody enzyme method of immuncytochemistry. J Histochem Cytochem 22:782–801

Rosenthal CJ, Khulpateca N, Boyce J, Makrota S, Tamarin S (1983) Effective chemotherapy for advaned carcinoma of the cervix with bleomycin, cisplatin, vincristine and methotrexate. Cancer 52:2025–2030

Scatchard G (1949) The attraction of proteins for small molecules and ions. Am NY Acad Sci 51:660

Senekijan EK, Young JM, Weiser PA, Spencer CE, Magic SE, Herbst AL (1987) An evaluation of squamous cell carcinoma antigen in patients with cervical squamous cell carcinoma. Obstet Gynecol 157:433–439

Sternberger LA, Herdy PW, Cuculis JJ, Meyer HG (1970) The unlabeled antibody enzyme method of immunhistochemistry. J Histochem Cytochem 18:315–333

Trope C, Johnsson JE, Simonsen E, Sigurdsson K, Stendahl U, Mattson W, Gullberg B (1983) Bleomycin-mitomycin C in advanced carcinoma of the cervix. Cancer 51:591–593

Van Nagell JR, Donaldson ES, Gay EC, Rayburn P, Powell DF, Goldenberg DM (1978) Carcinoembryonic antigen in carcinoma of the uterine cervix: 1. The prognostic value of serial plasma determination. Cancer 42:2428

Van Nagell JR, Donaldson ES, Gay EC et al. (1979) Carcinoembryonic antigen in carcinoma of the uterine cervix: 2. Tissue localization and correlation with plasma antigen concentration. Cancer 44:944

Wagner RK, Atzinger A, Breit A (1990) Die Überwachung gynäkologischer Strahlentherapie durch serielle Tumormarkerbestimmungen. Strahlenther Onkol 166:446–452

10 Lichtmikroskopische immunhistochemische Untersuchungen von relevanten Tumormarkern bei gynäkologischen Tumoren

10.1 Vorbemerkungen

Wohl kein anderes Verfahren hat die pathologische Diagnostik in den letzten 50 Jahren so verändert wie die Immunhistochemie, eine recht sensitive und spezifische Methode. Anwendung findet sie bei Untersuchungsmaterial, das mit gängigen Methoden fixiert worden ist. Hier ist auch nach Jahren zum großen Teil noch eine immunhistochemische Untersuchung möglich. Dem Histomorphologen vertraute Parameter bilden die Grundlage für die Auswertung. Die Immunhistochemie kann auch bei zytologischen Präparaten angewandt werden. Man sollte allerdings nicht vergessen, daß die Immunhistochemie, ebenso wie andere Verfahren, Fehler und Versager beinhaltet und es sich um eine Technik handelt, die eine gewissenhafte Interpretation durch den erfahrenen Untersucher voraussetzt. Wenn man die Immunhistochemie als wesentlichen Bestandteil der Therapieplanung ansieht, wird schnell deutlich, welche Auswirkungen eine Fehlinterpretation haben kann. Viele Fehler sind in der nicht korrekten technischen Durchführung der Verfahren begründet. Regelmäßige Verfahrenskontrollen, Kontrollen der Antikörper und die richtige Anwendung von Positiv- und Negativkontrollen bieten die Möglichkeit, diese Fehler weitgehend auszuschließen. Die Einhaltung eines hohen technischen Standards ist jedoch nur ein Teilaspekt bei der Vermeidung von Fehlern. Interpretationsfehler bilden eine andere mögliche Fehlerquelle. Ihnen können verschiedene Ursachen zugrunde liegen. So kann z.B. Normalgewebe in das Tumorgewebe eingebettet sein, ferner können lösliche Proteine aus normalen Zellen in Tumorzellen invadiert oder von diesen phagozytiert sein. Auch unbekannte Kreuzreaktionen von Reagenzien sind möglich. Andere Fehlerquellen können in der isolierten Durchführung und Bewertung immunhistochemischer Untersuchungen liegen. Die Interpretation sollte immer im Kontext von histologischen Standardverfahren, klinischen Diagnosen und Befunden erfolgen. Das größte Fehlerpotential liegt unzweifelhaft in der Beurteilung und Interpretation immunhistochemischer Resultate durch ungeübte Untersucher. Nur eine große Erfahrung kann hier reproduzierbare Ergebnisse liefern.

Im vorliegenden Kapitel wird schwerpunktmäßig auf gynäkologische Tumoren und Organstrukturen Bezug genommen. Oft sind die hier abgehandelten Tumormarker auch in anderen Geweben nachweisbar; ein Eingehen darauf würde jedoch den vorgegebenen Rahmen weit überschreiten. Bei weitergehendem Interesse sei auf einschlägige Standardwerke der Anatomie und pathologischen Anatomie verwiesen.

Die hier beschriebenen Substanzen sind sicher noch nicht als diagnostisches Allgemeingut in der Tagesroutine anzusehen. Eine zunehmende Zahl von Instituten setzt sie als wertvolle Hilfsmittel in der diagnostischen Zuordnung von schwierig zu differenzierenden Tumorgeweben ein. An dieser Stelle soll nur ein kleiner Teil der Substanzen beschrieben werden, die sich zur Differenzierung und Überwachung von Tumorerkrankungen eignen. Ein Blick in die Literatur zeigt, daß sich derzeit eine fast unübersehbare Menge an Substanzen in der Prüfung befindet; auch diese Diskussion würde den Rahmen des Beitrags sprengen. Untersuchungen der kommenden Jahre mit den notwendigen großen Stichprobenumfängen werden die Sensitivität und die Spezifität dieser Substanzen aufzeigen.

10.2 Grundlagen der Immunhistochemie

Das Grundprinzip der Immunhistochemie beruht auf dem Einsatz von Antikörpern zur Markierung von Antigenen im Gewebe. Da bestimmte Moleküle sich nur in bestimmten Zelltypen finden, können spezifische Aussagen gemacht werden. Ziel ist es also, durch diese Methode zusätzliche Informationen zu konventionellen histologischen Färbe- oder Darstellungstechniken zu erhalten. Die Immunhistochemie findet schwerpunktmäßig in der Lichtmikroskopie ihren Einsatz, aber auch Anwendungen in der Elektronenmikroskopie sind möglich.

Der Fixierung des Gewebes kommt vor allen anderen Schritten eine große Bedeutung zu, da nur hierdurch die Architektur des Gewebes und die später zu untersuchende Molekülstruktur erhalten werden können. Je nach Fragestellung ist die Anwendung unterschiedlicher Fixierungsmethoden wie Kryokonservierung bzw. die Anwendung verschiedener Fixiermedien (Formaldehyd, Alkohol etc.) notwendig. Falsche oder ungenügende Fixierung kann immunhistochemische Untersuchungen unmöglich machen oder die Ergebnisse nachhaltig verfälschen!

Wie oben erwähnt, beruht das Prinzip immunhistochemischer Untersuchungen auf einer Antigen-Antikörper-Bindung. Antikörper oder Immunglobuline sind Glykoproteine, die mit recht hoher Affinität und Spezifität an Antigene binden. Die Hauptunterscheidungsmerkmale der Immunglobulinklassen sind ihr Molekulargewicht und ihr Kohlenhydratanteil. Die Klasse, die im Bereich der Diagnostik die breiteste Anwendung findet, ist die IgG-Klasse. Es sind polyklonale und monoklonale Antikörper zu unterscheiden. In der Diagnostik werden heute weitgehend monoklonale Antikörper eingesetzt, die nur an ein bestimmtes Epitop binden. Dies hat eine etwas geringere Sensitivität zur Folge als bei polyklonalen Antikörpern, die an verwandte, aber geringfügig unterschiedlich strukturierte Epitope binden können. Die Verwendung eines Gemischs aus verschiedenen monoklonalen Antikörpern kann hier Abhilfe schaffen (Moyle et al. 1983). Eine solche kombinierte Anwendung von monoklonalen Antikörpern kann bezüglich der Sensitivität durchaus an polyklonale Antikörper heranreichen.

Die Affinität des Antikörpers zu dem spezifischen Epitop sollte in der Immunhistochemie hoch sein; gleichwohl können auch Antikörper mit niedrigerer Affinität, wie sie z.B. bei kompetitiven Radioimmunoassays eingesetzt werden, in der Immunhistochemie begrenzt Anwendung finden.

Schließlich muß der Antikörper, der an ein Epitop gebunden hat, noch sichtbar gemacht werden. Eine Darstellung der Antikörper ohne Anfärbung ist nur mit Hilfe der Elektronenmikroskopie möglich. Für die Lichtmikroskopie ist ein sog. „Labeling" mit einem Farbstoff im weitesten Sinne notwendig. Hier eignen sich Farbstoffe, Metalle, fluoreszierende Substanzen und Enzyme (Peroxidase, alkalische Phosphatase etc.). Das Label kann direkt am Primärantikörper sitzen oder an einen Zweitantikörper gebunden sein. Zu nennen ist hier die Peroxidase-Antiperoxidase-(PAP-)Technik (Sternberger et al. 1970). Bei dieser weit verbreiteten Methode wird der Primärantikörper durch einen Sekundärantikörper lokalisiert. Es existieren ähnliche Verfahren mit alkalischer Phosphatase (Cordell et al. 1984). Ein weiteres, recht verbreitetes Verfahren ist die Avidin-Biotin-Peroxidase-Komplex-Methode (ABC; Guesdon et al. 1979). Biotin ist hier an den Sekundärantikörper konjugiert (Jasiewicz et al. 1976). Welche der beiden Methoden – PAP oder ABC – die größere Sensitivität besitzt, ist umstritten; beide Verfahren liefern gute Ergebnisse.

Die Sensitivität der angewandten Systeme ist eines der Hauptprobleme bei immunhistochemischen Untersuchungsverfahren. Sie ist abhängig von Struktur und Aufbau des Antigens, von seiner Lokalisation und nicht zuletzt auch vom Erkennungssystem.

Für die Beurteilbarkeit der Ergebnisse einer immunhistochemischen Untersuchung spielt die Spezifität der Methode eine große Rolle: Ist nur das, was gesucht wird, angefärbt, oder wurden auch noch andere Molekülstrukturen dargestellt, die falsche Eindrücke provozieren? Die Spezifität ist abhängig von Faktoren wie Aminosäuresequenzhomologien oder -ähnlichkeiten verschiedener Moleküle, so daß Antikörper auch an andere Epitopen binden als den gesuchten. Ferner spielen mögliche unbekannte Antikörper in der Primärpräparation eine Rolle. Auch auf der Ebene des Labelings kann eine Reihe von Faktoren die Spezifität beeinflussen.

Auf spezielle labortechnische Anforderungen und Probleme der Immunhistochemie soll hier nicht weiter eingegangen werden. Hierfür muß auf spezielle Publikationen verwiesen werden (True 1990).

10.3 Antigene epithelialer Membranen

Carcinoembryonales Antigen (CEA)

Das CEA wurde erstmals 1965 von Freedman und Gold beschrieben. Sie fanden dieses Glykoprotein in Kolonkarzinomen und in fetalem Darmgewebe, nicht aber in normalem Darmgewebe Erwachsener (Gold u. Freedman

1965). Weitere Untersuchungen zeigten allerdings, daß CEA auch in anderen pathologisch veränderten, aber tumorfreien Geweben gebildet wird, wie z.B. bei Patienten mit chronisch obstruktiver Lungenerkrankung, entzündlichen Darmerkrankungen, Divertikulitis, Pankreatitis, entzündlichen Lebererkrankungen etc. Bei Rauchern können Spiegel gefunden werden, wie sie auch bei Patienten mit metastasierendem Kolonkarzinom vorkommen können (Fletcher 1986). Da CEA verschiedenen Immunglobulinen sehr ähnlich ist (Paxton et al. 1987) und eine Korrelation zwischen CEA-Expression und Östrogenrezeptorgehalt beim Mammakarzinom besteht (Gion 1986), könnte das CEA eine Rolle in der Zellhomöostase spielen.

Epitheliales Membranantigen (EMA)

Es handelt sich hierbei um einen Proteinkomplex von 70 kDalton[1], der erstmals von Imam im Jahre 1984 aus Fettmembranen in menschlicher Milch isoliert wurde (Imam et al. 1984). EMA ist ein sehr heterogenes Antigen aufgrund sehr variabler Glykosilierung. Die Kohlenhydratzusammensetzung teilgereinigter EMA-Auszüge aus unterschiedlichen Tumoren variiert von 23–58% (Ormerod et al. 1983).

Der immunhistochemische Nachweis von EMA gelingt sehr gut an formalinfixiertem Gewebe; der Nachweis an Gewebe, das mit Zenker oder Bouin-Fixans behandelt wurde, ist schwieriger.

Die ersten Beobachtungen mit positivem EMA-Nachweis wurden an Mammakarzinomzellinien gemacht. Die Reaktion erfolgte mit fast allen dieser Zellinien. Kein positiver Nachweis war mit kultivierten Fibroblasten, lymphoiden Zellen oder Epithelien von normalen Milchdrüsengängen möglich (Taylor-Papadimitriou et al. 1981). Insbesondere in der laktierenden Mamma können in duktalen und lobulären Zellen unterschiedliche Mengen von immunreaktivem EMA nachgewiesen werden (Arklie et al. 1981). Mittlerweile sind auch in anderen Zelltypen EMA-reaktive Komplexe nachgewiesen worden (Battifora u. Kopinski 1985), wie z.B. in Plattenepithelien und Lymphozyten. EMA spielt möglicherweise bei der Zelldifferenzierung eine Rolle.

Leu M1

Ursprünglich wurde Leu M1 hauptsächlich auf neutrophilen Granulozyten und anhaftenden Monozyten lokalisiert sowie auf einer Untergruppe von aktivierten T-Zellen. Auf der Mehrzahl von Lymphozyten und auf Erythrozyten läßt sich Leu M1 nicht nachweisen (Hanjan et al. 1982). Die Lokalisation auf den Zellen ist unterschiedlich; bei Neutrophilen handelt es sich um ein granulagebundenes Glykolipid, bei Reed-Sternberg-Zellen um ein Glykoprotein an der Membran. Das Epitop ist in beiden Fällen eine Kohlenhydratgruppe. Das Epitop unterscheidet sich bei den verschiedenen Zellen

---

[1] Veraltete Einheit. 1 Dalton = $1{,}6601 \times 10^{-27}$ kg.

nur minimal (Hsu 1986a). Die Immunreaktion für Leu M1 kann an formalinfixiertem Gewebe gut durchgeführt werden (Hsu 1985), auch Protease- oder Neuraminidasebehandlung verfälscht die Ergebnisse nicht (Hsu et al. 1986b).

Eine Vielzahl von Zellen exprimiert Leu M1, darunter Epithelzellen und Entzündungszellen. In normalem Mesothelgewebe läßt sich Leu M1 nicht nachweisen (Sheibani et al. 1986). Welche Bedeutung Leu M1 hat, ist weitgehend unklar (Delsol et al. 1984).

Vorkommen der Antigene epithelialer Membranen

Adenokarzinome fast aller Organe exprimieren CEA (Sun et al. 1983; Said et al. 1983), EMA (Kurtin et al. 1985) und Leu M1 (Sewell et al. 1987). Das Expressionsmuster kann sowohl von Tumor zu Tumor als auch innerhalb eines Tumors sehr stark variieren.

Verschiedene Typen von Mammakarzinomen weisen z.B. bezüglich CEA unterschiedliche Expressionsmuster auf. Etwa ein Drittel der lobulären und fast 90% der duktalen Karzinome exprimieren CEA (Gion et al. 1986). Eine ähnliche Verteilung findet sich für EMA. Muzinöse Karzinome zeigen hier die geringste Anfärbbarkeit.

10.4 Andere Antigene

Plazentare alkalische Phosphatase (PLAP)

Es handelt sich um ein organspezifisches Isoenzym der alkalischen Phosphatase. Im Bereich der gynäkologischen Malignome wird ein Serumnachweis insbesondere bei Tumoren der Mamma und des Ovars berichtet (Lange 1983; Muensch et al. 1986). Vereinzelt wird ein erhöhter Serumspiegel bei Wiederauftreten von Mammakarzinomen beschrieben (Coombes 1981). Zum Screening von Tumorpatienten ist PLAP allerdings nicht geeignet, da die Produktion nicht tumorspezifisch ist; z.B. können entzündliche Erkrankungen ebenso mit erhöhten Spiegeln einhergehen wie Tumorleiden (Eestermans et al. 1987; Rasmuson et al. 1987).

Alkalische Phosphatasen (AP) sind dimere membrangebundene Glykoproteine, die bei hohem pH Phosphatester hydrolysieren. Verschiedene AP können aus unterschiedlichen Geweben isoliert werden. PLAP wird wohl von einem eigenen Gen kodiert. PLAP-ähnliche Enzyme wurden im Serum von Patienten mit gynäkologischen Tumoren nachgewiesen (Knoll et al. 1987).

Über die genaue Funktion von PLAP können derzeit nur Vermutungen angestellt werden (Swarup et al. 1981; Bijman et al. 1987). In Normalgewebe läßt sich PLAP u.a. besonders im Synzytiotrophoblasten der Plazenta von der 10. Schwangerschaftswoche an aufwärts nachweisen; dieses Gewebe läßt sich gut als Kontrolle verwenden.

Alpha-Fetoprotein (AFP)

Die ersten Untersuchungen zum Nachweis von erhöhten AFP-Spiegeln wurden an Körperflüssigkeiten durchgeführt. In der Gynäkologie und Geburtshilfe finden sich normalerweise hohe Serumkonzentrationen nur beim Feten. Erhöhte Serumspiegel beim Erwachsenen sind fast immer pathologisch und treten bevorzugt bei Keimzelltumoren mit Dottersackkomponente auf (Nishi 1970; Alpert 1972; Norgaard-Pedersen et al. 1974). Erhöhte AFP-Spiegel sind aber für diese Tumoren nicht spezifisch!

Beim AFP handelt es sich um ein 70 kDalton großes und 590 Aminosäuren langes Protein (Smith u. Kellehe 1980).

Die Funktion des AFP ist in letzter Konsequenz unklar. Die Synthese scheint insbesondere bei Tumoren mit einem hohen Zellumsatz hoch zu sein.

Normales Vorkommen von AFP wird in der Leber, dem Magen-Darm-Trakt und dem viszeralen Endoderm des Dottersacks beobachtet (Hammer et al. 1987).

Laktalbumin

Es handelt sich um ein 23 kDalton großes und 123 Aminosäuren langes Metallprotein (Hall u. Campbell 1986). Es stellt ca. 40% des Gesamtproteins in menschlicher Milch. Mit Lysozym läßt sich eine Übereinstimmung von ungefähr 40% in der Aminosäurestruktur beobachten.

Laktalbumin spielt eine Rolle in der Laktosesynthese und haftet an der intraluminalen Oberfläche des Golgi-Apparates von laktoseproduzierenden Zellen. Die Laktalbuminsynthese ist von verschiedenen Hormonen gesteuert, wie z.B. Prolaktin, Progesteron etc. (Hall u. Campbell 1986), wobei Prolaktin die größte Bedeutung zukommt.

Laktalbumin ist nur in einer kleinen Anzahl von Zelltypen zu finden; erwähnt seien hier Untergruppen von lobulären, epithelialen Brustzellen. Der Nachweis ist inter- und intraindividuell unterschiedlich. 70–100% des normalen Brustgewebes enthalten Laktalbumin (Clayton et al. 1982; Lloyd et al. 1984).

Vorkommen von PLAP, AFP und Laktalbumin

Alle 3 Antigene lassen sich gut an formalinfixiertem und paraffineingebettetem Material nachweisen; Gefrierschnitte sind für eine gute Diagnostik nicht zwingend notwendig. Kreuzreaktionen sind beschrieben für Laktalbumin und Lysozym (Hall 1986) und auch für PLAP und alkalische Phosphatase vom intestinalen Typ (Uchida et al. 1981). Beim Einsatz von monoklonalen Antikörpern sollten Sets spezifischer Antikörper verwendet werden, um die Sensitivität gegenüber dem gesuchten Molekül zu erhöhen; das gilt besonders für anti-PLAP-Antikörper (Loose et al. 1984; Epenetos et al. 1984).

Mammakarzinome: Laktalbumin bietet die Möglichkeit einer Zuordnung bei Tumoren unklarer primärer Genese, da es von nahezu allen histologischen Typen von Mammakarzinomen und ca. 90% der Metastasen dieser Tumoren exprimiert wird (Lee et al. 1984; Lloyd et al. 1984). Trotz der hohen Korrelation kann nicht von einer Spezifität für Mammakarzinome gesprochen werden.

Keimzelltumoren: Falls bei solchen Patienten erhöhte Serumspiegel z.B. von AFP zu beobachten sind, läßt sich meist auch bei immunhistochemischen Untersuchungen AFP im Tumor nachweisen. Je nach Festsetzung des Cut-off-Wertes ergeben sich allerdings bis zu 30% Differenzen zwischen Serum- und Gewebenachweis (Jacobsen 1983; Javadpur 1980). Ein schwacher Nachweis von PLAP gelingt oft in embryonalen Karzinomen, Dottersacktumoren und Chorionkarzinomen (Uchida et al. 1981; Paiva et al. 1983; Wick et al. 1987).

Bei unklaren extragenitalen Tumoren kann der immunhistochemische Nachweis von AFP Hinweise auf die mögliche Herkunft geben.

Andere Tumoren: In der Literatur finden sich vereinzelt Berichte über Mamma- und Ovarialkarzinome, bei denen im Primärtumor oder in den Metastasen AFP nachgewiesen werden konnte (Ganjei 1988), was aber für die diagnostische Routine keine Rolle spielen dürfte.

Ebenso wurden PLAP-Nachweise unterschiedlicher Quantität in Karzinomen des Endometriums, der Endozervix, des Ovars und der Mamma beschrieben (McDicken et al. 1983; Wick et al. 1987; Sunderland et al. 1984).

Bei Ovarialtumoren vom serösen und muzinösen Typ wird das Vorkommen von Laktalbumin bei kleinen Fallzahlen in bis zu 29% berichtet (Lee et al. 1984; Lloyd et al. 1984; Doria et al. 1987). Die meisten Adenokarzinome anderer Gewebe zeigen keine Immunreaktivität für Laktalbumin. Eine Korrelation zwischen dem Vorkommen von Laktalbumin und histologischer Differenzierung, Zelltyp oder Prognose und Rezeptorstatus sind nicht oder nicht sicher möglich (Barry et al. 1984; Cohen et al. 1988; Lee et al. 1984).

10.5 Histiozytäre Antigene

Lysozyme (Muramidase), α_1-Antitrypsin (α_1-AT), α_1-Antichymotrypsin (α_1-ACT)

Die bisher in der Literatur zu diesen 3 Markern veröffentlichten Ergebnisse für gynäkologische Tumoren geben keinen Hinweis auf eine Verwertbarkeit in der Diagnostik und Zuordnung gynäkologischer Malignome. Einzelne Fälle eines fraglichen α_1-AT-Nachweises in duktalen Mammakarzinomen sind beschrieben, aber wohl z.Zt. noch ohne wirkliche klinische Relevanz.

10.6 Prostataantigene

Saure Prostataphosphatase (PAP)

PAP gehört zur Familie der Enzyme, die die Hydrolyse von Monophosphatestern in einem sauren Milieu katalysieren. Ursprünglich wurde beobachtet, daß im Serum von Patienten mit disseminiertem Prostatakarzinom eine saure Phosphatase nachzuweisen war, die recht gut mit dem Ausmaß des Tumors und seiner Remission unter Therapie korrelierte (Gutman et al. 1936). Es lassen sich verschiedene Isotypen der sauren Phosphatase differenzieren. Neben der Prostata lassen sich auch in anderen Geweben gewisse Mengen an sauren Prostataphosphatasen finden, wie z.B. in der Niere und in Granulozyten (Waheed et al. 1985; Shaw et al. 1982) – zwar in geringerem Ausmaß als in der Prostata, aber doch die Spezifität zumindest der Serumnachweise einschränkend. Das natürliche Substrat für die PAP scheint ein zellmembranassoziiertes Protein zu sein.

Prostataspezifisches Antigen (PSA)

Es handelt sich hierbei um ein zytoplasmatisches Glykoprotein von 35 kDalton, dessen Funktion z.Z. noch unklar ist (Wang et al. 1979). Bisher ist PSA nur in Prostatagewebe nachgewiesen worden, aber die Erwartungen hinsichtlich einer höheren Spezifität und Sensitivität für die Überwachung des Prostatakarzinoms konnten noch nicht eindeutig bestätigt werden (Stamey et al. 1987).

Vorkommen von PAP und PSA

Formalinfixiertes Gewebe bietet gute Voraussetzungen für den Nachweis von PAP und PSA. Gleiches gilt für Fixationen mit Bouin- und Carnoy-Lösung. PSA läßt sich am Gefrierschnitt schlechter nachweisen als am paraffinierten Gewebe! Im Gegensatz zum Serumnachweis von PAP und PSA korreliert der immunhistochemische Nachweis mit Malignomen der Prostata sehr gut.

Für Normalgewebe ist neben anderen Organen auch ein vereinzelter Nachweis in Mammagewebe beschrieben.

Der histochemische Nachweis bei gynäkologischen Malignomen ist nur sehr begrenzt bzw. fast nicht möglich, da PAP und PSA in der Palette der immunhistochemischen Reagenzien zu den wenigen wirklich gut organspezifischen Markern zählen. Etwa ein Drittel der männlichen duktalen Mammakarzinome sind PAP-positiv (Keshgegian u. Kline 1984), was bei der Seltenheit der Erkrankung klinisch aber sicher nicht relevant ist. Im Bereich der Tumoren im kleinen Becken der Frau kann die PAP u.U. einen Hinweis auf die mögliche Tumorgenese geben, da Adenokarzinome der Harnblase bei der Frau in Einzelfällen PAP-positiv reagieren (Epstein et al. 1986); dies im Gegensatz zu Genitaltumoren.

10.7 Neuroendokrine Antigene

Neuronspezifische Enolase (NSE)

Bei der neuronspezifischen Enolase (NSE) oder 2-Phospho-D-Glycerat-Hydrolase handelt es sich um ein Antigen, das bevorzugt in neurogenen Geweben und Tumoren zu finden ist. Es stellt aus der Gruppe der neuroendokrinen Antigene, zu denen auch LEU 7-Antigen, Synaptophysin etc. gehören, das wohl am besten untersuchte Protein dar. Es handelt sich um ein diffus zytoplasmatisch verteiltes Protein.

Vorkommen der NSE

Der Nachweis von NSE ist entscheidend von der Gewebefixation abhängig. Ein zuverlässiger Nachweis ist eigentlich nur am Gefrierschnitt möglich, positives Kontrollgewebe, das formalinfixiert ist, zeigt kaum noch eine NSE-Aktivität.

Mammakarzinome: Vereinzelt wurden Mammakarzinome unklarer Histologie beschrieben, in denen NSE gefunden wurde (Asa et al. 1984; Vinores et al. 1984). Eine Korrelation mit einem bestimmten histologischen Typ läßt sich nicht erkennen. NSE spielt im Bereich der Gynäkologie in der Routinediagnostik von Malignomen z.Z. noch keine bedeutende Rolle.

10.8 S-100-Protein

S-100 ist ein lösliches Protein, das in einer großen Vielfalt von Geweben zu finden ist und erstmals aus einem Homogenisat aus Rinderhirn isoliert wurde (Moore 1965). Das S-100-Protein einer Spezies, auch aus verschiedenen Organen gewonnen, ist identisch. Die S-100-Proteine verschiedener Spezies weisen geringfügige Strukturunterschiede auf. S-100 ist diffus im Zytoplasma verteilt, in einigen Zellen findet es sich auch in der Kernmatrix. Über die Funktion von S-100 liegen bisher nur Vermutungen vor. Diskutiert werden Einflüsse auf die Elektrolytregulation (Molin et al. 1985), Stimulation der nukleären RNS-Polymerase (Van Eldik et al. 1982), Einfluß auf das Zellwachstum etc.; zusammenfassend aber ist festzustellen, daß dic In-vivo-Funktion noch weitgehend unklar ist.

Vorkommen von S-100

S-100 ist nicht nur, wie ursprünglich angenommen, in neuralen Geweben zu finden, sondern läßt sich auch in einer ganzen Reihe anderer Organe nachweisen, wie Haut, Speicheldrüse, Pankreas und Niere.

Mammakarzinom: Nachweismöglichkeiten im Bereich der Gynäkologie ergeben sich hauptsächlich beim Mammakarzinom. Fast ausschließlich myoepitheliale Zellen und einige Stromazellen proliferativer Brusterkrankungen bieten einen positiven S-100-Nachweis (Egan et al. 1987). Es kann hierdurch ein Anhalt für das Invasionsverhalten des Tumors gewonnen werden, da invasive Karzinome normalerweise keine myoepithelialen Zellschichten besitzen. Es muß aber einschränkend erwähnt werden, daß zur Beantwortung dieser Frage mitunter der Marker Muskelaktin eine höhere Sensitivität aufweist (Gerald 1987). Die sehr seltenen Myoepitheliome der Brust, die gegenüber duktalen Karzinomen einen eher gutartigen Charakter besitzen und oft nur schwer von diesen abgrenzbar sind, zeigen ein deutlicheres myoepitheliales Verhalten als die Karzinome, bis hin zur immunhistochemischen Anfärbbarkeit mit den oben erwähnten Substanzen (Thorner et al. 1986).

Maligne Hauttumoren: Mitunter ist in bestimmten Körperregionen die Differentialdiagnostik von primären und sekundären malignen Hautveränderungen schwierig. Es sei hier erwähnt, daß z.B. im Gegensatz zum Mammakarzinom Veränderungen, die durch eine Bowenoide Dysplasie oder ein Carcinoma in situ, Morbus Paget, Metastasen kleinzelliger Tumoren oder Lymphome bedingt sind, normalerweise S-100-negativ sind (Guldhammer u. Norgaard 1986; Battifora u. Silva 1986).

Allgemeines: Vereinzelt sind Adnextumore mit positivem S-100-Nachweis beschrieben (Egan et al. 1986). Als diagnostisches Hilfsmittel ist dies allerdings kaum brauchbar. Für gynäkologische Tumoren bliebe im einzelnen noch nachzuweisen, ob die relative Zahl der S-100-positiven Zellen in einen sicheren Zusammenhang mit dem Tumorverhalten gebracht werden kann.

10.9 Hypophysenhormone[2]

Somatotropin (GH), Prolaktin (PRL), thyreotropes Hormon (TSH), follikelstimulierendes Hormon (FSH) und luteinisierendes Hormon (LH), adrenokortikotropes Hormon (ACTH)

Alle oben genannten Hormone spielen als Tumormarker in der Diagnostik gynäkologischer Malignome nur eine untergeordnete Rolle. Im weitesten Sinne werden diese Marker zur Differenzierung von invasiven und nicht invasiven Hypophysenadenomen und den außerordentlich seltenen Hypophysenkarzinomen eingesetzt, wobei letztere fast nie sekretorisch wirken.

In der Literatur sind eine ganze Reihe von Karzinomen verschiedenster Organe beschrieben, die eine ektope Produktion der oben genannten Hormone zeigen. Aus dem Bereich der Gynäkologie liegen aber nur Berichte über Somatotropin-produzierende Mammakarzinome vor (Ghosh et al. 1978). Wenn die Patientin etwa Zeichen einer Akromegalie aufweist, ist es sicher sinnvoll, im Sinne einer Ausschlußdiagnostik den Tumor auf sein Sekretionsverhalten hin zu überprüfen.

---

[2] Die chemische Struktur und die Stoffwechselprozesse der aufgeführten Hormone dürfen als bekannt vorausgesetzt werden und werden hier nicht im einzelnen abgehandelt.

10.10 Plazentare Hormone

Humanes Choriongonadotropin (HCG)

HCG ist ein Glykoprotein von 38 kDalton, das fast nur von Trophoblastgewebe gebildet wird. Es besteht aus 2 Ketten, einer α- und einer β-Untereinheit. Es finden sich Strukturähnlichkeiten zu FSH, TSH und LH. Die Struktur des HCG, das im Rahmen einer normalen Schwangerschaft gebildet wird, unterscheidet sich geringfügig von der in Chorionkarzinomzellen und in Hodentumoren nachweisbaren Form (Cole 1987; Wide u. Hobson 1987; Hussa et al. 1986). Diese Unterschiede spielen für allgemeine HCG-Nachweise keine Rolle, können aber bei speziellen Fragen der Tumordifferenzierung von Bedeutung sein. Die Untergruppen des HCG-Moleküls sind Produkte verschiedener Gene.

Humanes plazentares Laktogen (HPL)

Bei HPL handelt es sich um ein Hormon, dessen Funktion noch weitgehend unklar ist. Es ist ein Glykoprotein mit einem Gewicht von 19 kDalton. Zum Prolaktin besteht eine Homologie von ca. 50%. Der Gipfel in der HPL-Produktion liegt im 3. Trimester der Schwangerschaft (Jackson et al. 1986).

Vorkommen von HCG und HPL

Normalgewebe: Die Produktion von HCG und HPL ist in den einzelnen Schwangerschaftsabschnitten unterschiedlich: α-HCG wird zuerst im Zytotrophoblast gebildet, es folgt das β-HCG, das zunächst in mononukleären Intermediärzellen und anschließend im Synzytiotrophoblasten gebildet wird. HPL wird dann im Synzytium des fortgeschritteneren Trophoblasten gebildet. Die Chorionzotten der reifen Plazenta enthalten alle 3 Peptide. HCG-Nachweise in anderen Geweben dürften eher auf „HCG-Ablagerungen" aus dem Blut im untersuchten Gewebe oder auf Kreuzreaktionen zurückzuführen sein als auf eine Produktion vor Ort (Braunstein et al. 1984; Odell u. Griffin 1987). Diese Aussage kann jedoch nach dem aktuellen Stand der Forschung nur mit Einschränkungen gemacht werden.

Die immunhistochemische Untersuchung auf HCG und HPL kann an Gewebe durchgeführt werden, das auf herkömmliche Art fixiert und eingebettet wurde.

Gutartige Tumoren: HCG und HPL kann z.B. in Molengewebe zur genaueren Differenzierung nachgewiesen werden. Auch in der Abortdiagnostik – falls genügend Zeit und schnell arbeitende Laboratorien zur Verfügung stehen – kann es in Einzelfällen sinnvoll sein, z.B. bei der Differenzierung intra- und extrauteriner Graviditäten, insbesondere HCG nachzuweisen. Es handelt sich hierbei aber gewiß nicht um ein Routineverfahren.

Bösartige Tumoren: In Trophoblasttumoren sind normalerweise HCG und HPL nachweisbar. Die Relation zwischen beiden kann u.U. als Hinweis auf das Proliferationsverhalten des Tumors gewertet werden (Kurman et al.

1984). Hydatiforme Molen und Chorionkarzinome weisen einen höheren Anteil HCG-positiver Zellen auf. HPL-positive Zellen konnten in Chorionkarzinomen bisher noch nicht eindeutig nachgewiesen werden (Hoshina et al. 1985).

Immer wieder finden sich in der Literatur Hinweise, daß in Malignomen verschiedenster Organlokalisation ein positiver HCG-Nachweis sowohl im Serum als auch im Gewebe geführt werden kann. Eine genauere Analyse zeigt, daß es sich hierbei oft um α- oder β-HCG handelt. Antikörperkreuzreaktionen sind eine mögliche Erklärung, aber sicher stehen hier noch sehr viele Fragen offen. Es sollte also bei positivem HCG-Nachweis im Serum einer Patientin ohne Hinweis auf eine Schwangerschaft oder einen Trophoblasttumor im weitesten Sinne ein Tumor eines anderen Organsystems ausgeschlossen werden.

10.11 Steroidhormonrezeptoren

Östrogenrezeptor (ER)

Es handelt sich um einen Dimer mit 2 Untereinheiten von je 65 kDalton. Nach umfangreichen immunhistochemischen Untersuchungen (King u. Greene 1984) kann davon ausgegangen werden, daß der ER kernständig ist.

Progesteronrezeptor (PR)

Der PR setzt sich aus 2 unterschiedlichen, nicht kovalent gebundenen Anteilen von ca. 85 und 120 kDalton zusammen (Horwitz et al. 1985). Über die genetische Entstehung des PR können noch keine endgültigen Aussagen gemacht werden. Auch der PR ist als kernständig anzusehen. Er scheint die Zellproliferation und -differenzierung zu regeln. Die Expression des PR wird durch ER gesteuert.

Vorkommen von ER und PR

ER und PR sind in Brustgewebe und in Geweben des weiblichen Genitaltrakts zu finden. Die Verteilung in der Mamma ist von Alter und Zyklus unabhängig (King u. Greene 1984). Alle Epithelien des Genitalbereichs zeigen Rezeptoraktivität (Press et al. 1986). Bei den ER und PR des Endometriums ist eine deutliche Zyklusabhängigkeit zu erkennen, mit der höchsten Konzentration in der späten Proliferationsphase und der niedrigsten in der späten Sekretionsphase (Press u. Greene 1984; Press et al. 1988). Die Immunreaktivität für PR ist gewöhnlich höher als für ER – mit einer zyklischen Komponente.

Auch in verschiedenen Zelltypen des Ovars sind ER und PR nachweisbar. In der Literatur werden für Kollektive von n >50 Zahlen zwischen ca. 50–80% für ER und ca. 40–80% für PR angegeben (Kauppila et al. 1983; Teufel et al. 1983).

Steroidrezeptoren sind sehr labil und können am besten in Gefrierschnitten nachgewiesen werden. Eine kurze Fixation mit gepuffertem Formalin scheint möglich (Press et al. 1988). An normal formalinfixiertem Gewebe kann u.U. nach speziellen Proteasebehandlungen noch ein verwertbarer Rezeptornachweis geführt werden (Shintaku u. Said 1987). Die bisher gebräuchliche biochemische Nachweismethode der Steroidrezeptoren, die auch den Standard darstellte, wird zunehmend von immunhistochemischen Verfahren abgelöst. Beim Vergleich biochemischer und immunhistochemischer Nachweisverfahren finden sich Übereinstimmungsraten von ca. 70–80%. Im Falle eines positiven biochemischen Rezeptornachweises liegt die Übereinstimmung bei ca. 90%, bei negativem biochemischen Nachweis bei ca. 60–70%. Die Unterschiede erklären sich hauptsächlich aus der besseren Gewebebeurteilbarkeit bei immunhistochemischen Untersuchungsverfahren und somit der Zuordnung der Rezeptorlokalisation und -verteilung – Stroma versus Tumorgewebe (Beck et al. 1989). Die Industrie bietet heute für erfahrene Laboratorien sehr zuverlässig arbeitende Kits zur ER- und PR-Bestimmung an. Diese Methode hat den Vorteil, daß der Untersucher am histologischen Schnitt die Zellen, die Rezeptoren aufweisen, zuordnen kann. Es wurden sog. „immunreaktive Scores" entwickelt, die unter Einbeziehung der Färbeintensität und der prozentualen Menge positiver Zellen eine hohe Reproduzierbarkeit der Ergebnisse gewährleisten (Remmele u. Stegner 1986), auch bei verschiedenen Untersuchern.

Mammakarzinom: Derzeitig liegt der Schwerpunkt der ER- und PR-Bestimmung sicher auf dem Gebiet der Mammakarzinomdiagnostik. Eine fast unüberschaubare Menge an Literatur belegt die Bedeutung dieser Rezeptoren für die Festlegung der Therapie einerseits und Aussagen über die Prognose andererseits. Es sollte versucht werden, wie bereits oben erwähnt, die biochemische Nachweismethode zugunsten der immunhistochemischen zu verlassen, da hier doch eine bessere Zuordnung der Ergebnisse zu histologischen Strukturen gegeben ist (Abb. 10.1).

Ovarialkarzinome: Bei der großen histologischen Vielfalt, die sich bei malignen Ovarialtumoren findet, können in verschiedenen Zelltypen ER und PR nachgewiesen werden, insbesondere bei hochdifferenzierten Tumoren vom serösen oder muzinösen Typ (Press et al. 1985). Der diagnostische Wert von ER und PR bei Ovarialtumoren ist z.Zt. noch nicht sicher einzuschätzen. Es gibt Hinweise darauf, daß das Rezeptormuster eine Aussage über das mögliche Ansprechen auf eine hormonelle Therapie erlaubt (Schwartz et al. 1982); z.B. könnten LH-RH-Analoge hier von Bedeutung sein, bisher liegen allerdings nur wenige Kasuistiken vor (Parmar et al. 1985).

Differentialdiagnostik: Da ER und PR eigentlich nur in Mamma-, Ovarial-, Endometrium- und vereinzelt in Vaginalkarzinomen vorkommen, kann der Nachweis dieser Strukturen in Tumoren unbekannter Genese bzw. in Metastasen für die Zuordnung eine gewisse Hilfe darstellen.

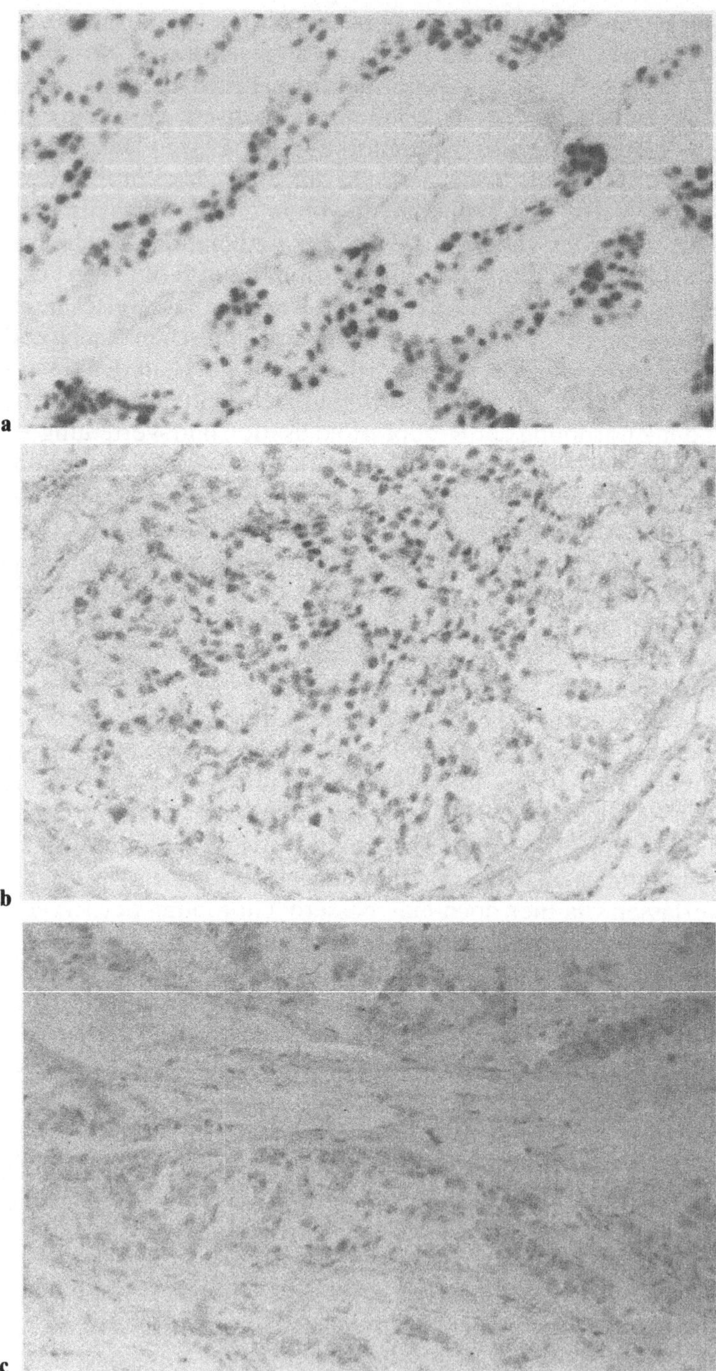

Abb. 10.1a–c. Mammakarzinom. **a** Immunhistochemisch deutlich positiver ER-Nachweis, IRS 12 (biochemisch 105 fmol/mg) (250×). **b** Immunhistochemisch mäßiges Vorkommen von ER, IRS 4 (biochemisch 43 fmol/mg) (250×). **c** Immunhistochemisch negativer ER und PR (biochemisch <10 fmol/mg) (250×)

Auswertung nach standardisierten Verfahren

Im Gegensatz zur subtileren Differenzierung der Herkunft von Tumoren durch Tumormarker im weiteren Sinne hat die Bestimmung von Hormonrezeptoren im Gewebe z.B. beim Mammakarzinom eine direkte therapeutische Konsequenz. Aus diesem Grunde wird schon seit einiger Zeit versucht, das semiquantitative Verfahren der immunhistochemischen Rezeptorbestimmung zu standardisieren. Noch immer stellt sich der semiquantitative Nachweis von ER und PR an formalinfixiertem Gewebe schwierig dar. Die Reproduzierbarkeit ist z.Zt. nicht sicher gewährleistet, da die Rezeptoren bei dieser Fixierungsmethode weitgehend zerstört werden. Die meisten Arbeiten zum Rezeptornachweis wurden an Gefriergewebe durchgeführt, und so ist eine Standardisierung der Auswertung mit guter Reproduzierbarkeit bisher nur an Gefriermaterial möglich. Halbautomatische oder automatische Bildanalyseverfahren zur Rezeptorauswertung an histologischen Gewebeproben haben im Moment noch experimentellen Charakter; der Eingang in die Routinediagnostik hat noch nicht stattgefunden.

Für die eigentliche Standardauswertung von ER und PR hat sich der „immunreaktive Score" (IRS; Remmele u. Stegner 1986) bewährt. Grundlage für diese Auswertung ist ein standardisiertes Laborverfahren zum Rezeptornachweis. Bei der mikroskopischen Betrachtung werden 2 Faktoren beurteilt, aus denen dann der IRS berechnet wird: die Anzahl der positiven Zellen in Prozent und die Intensität der Anfärbung.

10.12 Intermediäre Filamente (IF)

Fast jede Säugetierzelle enthält diese intrazellulären fibrösen Proteine, sie stellen einen wesentlichen Bestandteil des Zellskeletts dar. Der Name „intermediäre Filamente" leitet sich von ihrer Größe ab: Sie haben einen Durchmesser von ca. 10 nm, der sie zwischen die kleineren Aktinfilamente von ca. 6 nm und die größeren Myosinfilamente von ca. 15 nm Durchmesser einreiht. Die intermediären Filamente lassen sich in 5 Unterklassen einteilen (Lazarides 1980):

- Keratin,
- Desmin,
- Vimetin,
- Neurofilamente,
- saures Gliafaserprotein.

Einzelne dieser Unterklassen scheinen bestimmte Zelltypen zu kennzeichnen (Moll et al. 1982). Keratine finden sich in epithelialen Zellen; Desmin ist in mesenchymalen myogenen Zellen nachweisbar, Vimetin in mesenchymalen, nichtmyogenen Zellen, Neurofilamente in neuralen Zellen, und saures Gliafaserprotein findet sich in Gliazellen. Intermediäre Filamente können also ein wertvolles Hilfsmittel in der Charakterisierung humaner Tumoren sein. In verschiedenen Zellentwicklungsstadien – hyperproliferativ versus hypoproliferativ – kann das Profil der exprimierten Filamente variieren, ebenso kann Medikamenteneinfluß dieses Profil verändern; es sind auch Zellen beschrieben, die mehr als ein IF aufweisen (Cooper et al. 1985; Steinert et al. 1985).

Zusammenfassend läßt sich folgende Übersicht aufstellen:

Keratin wird exprimiert von:
Karzinomen, Mesotheliomen, Chordomen, nichtseminomatösen Keimzelltumoren, synovialen Sarkomen und epitheloiden Sarkomen.

Vimetin wird exprimiert von:
nichtmyogenen mesenchymalen malignen Tumoren, malignen Melanomen, malignen Lymphomen, verschiedenen anderen Karzinomen.

Desmin wird exprimiert von:
myogenen mesenchymalen Tumoren (glatte und quergestreifte Muskulatur).

Saures Gliafaserprotein wird exprimiert von:
Astrozytomen, Ependymomen, Medulloblastomen.

Neurofilament wird exprimiert von:
Neuroblastomen, Ganglioneuromen, Ganglioneuroblastomen, Phäochromozytomen, Paragangliomen, kleinzelligen Bronchialkarzinomen, Merkel-Zell-Tumoren.

Für die Diagnostik gynäkologischer Tumoren haben Keratin, Vimetin und Desmin eine gewisse Bedeutung und sollen deswegen hier kurz in ihren Anwendungsmöglichkeiten vorgestellt werden.

Keratin

Keratin ist eigentlich nur eine Sammelbezeichnung für eine Gruppe von ca. 30 mehrsträngig-spiralig aufgebauten Proteinen (Steinert et al. 1985), die sich durch ihr Molekulargewicht unterscheiden, das von ca. 40–70 kDalton reicht. Neben dem Kriterium der Molekulargewichte lassen sich die Keratine in 2 weitere Untergruppen einteilen, nämlich in einen sauren Typ I und einen basischen Typ II (Cooper et al. 1985). Ferner lassen sich bestimmten Organen Keratine mit charakteristischen Molekulargewichten zuordnen. Keratine mit einem niedrigen Molekulargewicht finden sich besonders in einfachen Epithelien, geschichtete Epithelstrukturen weisen Keratine höheren Gewichts auf. Ein bestimmtes Epithel exprimiert Keratine meist paarweise – Typ I und II. Wenn ein Epithel z.B. im Rahmen einer malignen Entartung seine Struktur ändert, so wird dies in deutlichen Änderungen des Keratinprofils erkennbar (Steinert et al. 1985). Es stehen mittlerweile monoklonale Antikörper gegen verschiedene Keratinsubtypen zur Verfügung.

Vimetin

Hierbei handelt es sich um ein Einzelprotein von 53 kDalton.

Desmin

Auch das Desmin ist ein Einzelprotein von 52 kDalton.

Nachweis

Die oben erwähnten Marker können prinzipiell an histologischen und zytologischen Präparaten nachgewiesen werden. Formalinfixierung und Paraffineinbettung kann die Antikörperbindungsstellen insbesondere für Keratin maskieren, Trypsin- und Pepsinbehandlung des Gewebes kann hier Verbesserungen bringen (Brozmann 1978).

Vorkommen von Keratin, Vimetin und Desmin

Normalgewebe: Im Rahmen des hier behandelten Themenkomplexes scheint erwähnenswert, daß sich im Verlauf der Embryogenese mit zunehmender Differenzierung der Epithelien der Keratinnachweis von der Gruppe mit niedrigem Molekulargewicht im frühen Stadium der Embryonalentwicklung zur Gruppe mit hohem Molekulargewicht im späteren Stadium verschiebt. In fetalen mesenchymalen Zellen des Amniochorions und in Chorionzotten kann in einzelnen Entwicklungsstadien eine Dreifachexpression von Keratin, Vimetin und Desmin nachgewiesen werden (Khong et al. 1986), was möglicherweise auf ein breites Differenzierungspotential dieser Zellen schließen läßt. Die gemeinsame Expression von Vimetin und Desmin in verschiedenen Zelltypen ist nicht ungewöhnlich (Van Muijen et al. 1987). In Stromazellen des Endometriums lassen sich Desmin und Vimetin nachweisen, deren Expressionsverhalten sich unter einer Dezidualisierung deutlich verändert (Glasser u. Julian 1986).

Vimetin ist gewöhnlich das einzige intermediäre Filament, das in mesenchymalen nichtmuskulären Zellen nachzuweisen ist, wie z.B. in Fibroblasten, Endothelzellen, Makrophagen etc. (Kawabe u. Kalva 1986).

Desmin charakterisiert ausgereifte Zellen der glatten, quergestreiften und kardialen Muskulatur.

Maligne Tumoren: Keratin, wie auch die anderen intermediären Filamente, dient in der Gynäkologie neben der genaueren Differenzierung bekannter Primärtumoren insbesondere der differentialdiagnostischen Zuordnung von Metastasen oder Malignomen unklarer Genese. Mit ihrer Hilfe kann der Ursprung der malignen Zellen eingegrenzt und eine Unterscheidung zwischen epithelialen und mesenchymalen Tumoren versucht werden. Ferner erlaubt die Analyse der gefundenen Keratine auf ihr Molekulargewicht hin eine Aussage über die mögliche Epithelgenese des Tumors. Bei der Differenzierung von Keimzelltumoren können Keratine hilfreich sein (Battifora et al. 1980, 1984). Vereinzelt wird diese Proteingruppe auch zur Unterscheidung zwischen Kolon- und Mammakarzinom gegenüber Endometriumkarzinomen herangezogen (Gown u. Vogel 1984). In Kombination mit anderen Tumormarkern lassen sich auch Abgrenzungen gegen andere Malignome herausarbeiten; z.B. erlaubt die Kombination mit S-100 oder anderen melanomspezifischen Antikörpern Differenzierungen gegenüber Melanom und amelanotischem Melanom. Mit Leu M1, CEA und anderen Markern lassen sich Unterschiede zu Adenokarzinomen darstellen. In den meisten Sarkomen und Lymphomen findet sich ein positiver Vimetinnachweis. Aufgrund des breiten und unspezifischen Auftretens von Vimetin ist es fast immer notwendig, andere Marker oder intermediäre Filamente mit in die Diagnostik einzubeziehen. Das Vorkommen in Ovarialkarzinomen (McNutt et al. 1985) und in Mammakarzinomen (Meis et al. 1987; Azumi u. Battifora 1987) ist beschrieben. In Kombination mit einem Myoglobinnachweis kann Desmin einen Beitrag zur Unterscheidung von Rhabdomyosarkomen und Leiomyosarkomen leisten (DeJong et al. 1987).

10.13 Carbohydrate Antigens

In den letzten Jahren erlangten, neben anderen, 3 Tumormarker ein gewisses Interesse in der Beurteilung gynäkologischer Tumoren. Es handelt sich hierbei um die Carbohydrate antigens CA 125, CA 15-3 und CA 19-9.

CA 125

Der Tumormarker CA 125 ist definiert durch den monoklonalen Antikörper OC 125. Dieser murine Antikörper ist gegen die menschlichen Ovarialkarzinomzellinie OV433 gerichtet (Bast et al. 1979).

CA 15-3

Das Tumorantigen CA 15-3 ist durch monoklonale Antikörper (MAK) definiert, z.B. MAK DF3 (Kufe et al. 1984) aus humanen Mammakarzinomzellinien, Milchfettkügelchen und Mammakarzinommetastasen.

CA 19-9

Auch dieser Marker ist durch einen monoklonalen Antikörper, 19-9, definiert, der gegen die Kolonkarzinomzellinie SW 1116 gerichtet ist (Koprowski et al. 1981).

Vorkommen von CA 125, CA 15-3 und CA 19-9

CA 125 und CA 19-9 lassen sich in verschiedenen benignen und malignen Gewebestrukturen nachweisen, u.a. in Pankreas- und Ovarialgewebe sowie deren malignen Entartungen, in Gallenblase, Niere, Magen, Bronchus und Kolon (Dietel et al. 1986). CA 15-3 findet man bevorzugt in malignen Tumoren der Mamma, aber auch bei benignen Brustveränderungen sowie zu einem geringen Prozentsatz von ca. 10–20% in normalem Milchgangsepithel (Kufe et al. 1984).

Ovarialkarzinom: Bei dieser Erkrankung dienen CA 125 und CA 19-9 weniger der primären Organzuordnung des Tumors als der Verlaufskontrolle. Wenn postoperativ der Serumbefund durch einen positiven immunhistochemischen Nachweis am Tumorgewebe bestätigt werden kann (Neunteufel u. Breitenecker 1986), so haben beide Marker eine gewisse Bedeutung in der Verlaufskontrolle im Rahmen der Nachsorge.

Endometriose: Es liegen einzelne Berichte darüber vor, daß im Serum von Patientinnen mit Endometriose erhöhte CA 125-Spiegel gefunden wurden (Barbieri et al. 1986; Moretuzzo et al. 1988). Aussagefähige immunhistochemische Untersuchungen zu diesem Themenkomplex stehen noch aus. Gezielte Untersuchungen an Endometriosegewebe könnten möglicherweise wertvolle Hinweise für eine individualisierte Endometriosetherapie geben.

Mammakarzinom: Dem Marker CA 15-3 kommt durch Serumkontrollen in der Mammakarzinomdiagnostik und -nachsorge seit einiger Zeit große Bedeutung zu. Für suffiziente Aussagen zur immunhistochemischen Wertigkeit liegen z.Z. aber noch keine ausreichenden Ergebnisse vor.

10.14 Abschließende Bemerkungen

Sensitivität und Spezifität stellen in der immunhistochemischen Diagnostik ein ähnliches Problem dar wie bei anderen laborchemischen Markernachweisen. Die Diagnostik von Markern am Gewebeschnitt bietet aber den Vorteil, daß der erfahrene Untersucher positive Ergebnisse bestimmten Zellstrukturen zuordnen und somit eine Aussage darüber treffen kann, aus welchen Gewebeanteilen positive Signale kommen. Nicht zuletzt aus Kostengründen gilt auch für die immunhistochemische Diagnostik, daß sich ihr Einsatz in der Routine nach klinischen Notwendigkeiten und Therapieanforderungen richten sollte.

Literatur

Alpert E (1972) Alpha-1-fetoprotein: serologic marker of human hepatoma and embryonal carcinoma. Natl Cancer Inst Monogr 35:415–420

Arklie J et al. (1981) Differentiation antigen expressed by epithelial cells in the lactating breast are also detectable in breast cancer. Int J Cancer 28:23–29

Asa SL, Ryan N, Kovacs K et al. (1984) Immunohistochemical localization of neuron-specific enolase in the human hypophysis and pituitary adenomas. Arch Pathol Lab Med 108:40–43

Azumi N, Battifora H (1987) The distribution of vimetin and keratin in epithelial and non-epithelial neoplasms. A comprehensive immunohistochemical study on formalin and alcohol fixed tumors. Am J Clin Pathol 88:286–296

Barbieri RL et al. (1986) Elevated serum concentrations of CA-125 levels in endometriosis. Ferti Steril 45:630

Barry JD et al. (1984) Correlation of immunohistochemical markers with patient prognosis in breast carcinoma: a quantitative study. Am J Clin Pathol 82:582–585

Bast RC et al. (1981) Reactivity of a monoclonal antibody with human ovarian carcinoma. J Clin Invest 68(5):1331

Battifora H, Kopinski MI (1985) Distinction of mesothelioma from adenocarcinoma. Cancer 55:1679–1685

Battifora H, Silva EG (1986) The use of antikeratin antibodies in the immunohistochemical distinction between neuroendokrine (Merkel cell) carcinoma of the skin lymphoma, and cat cell carcinoma. Cancer 58:1040–1046

Battifora H, Sun TT, Rao S et al. (1980) Antikeratin antibodies in tumor diagnosis: Thymoma versus lymphoma. Human Pathol 11:635–641

Battifora H, Sheibani K, Tubbs RR (1984) Antikeratin antibodies in tumor diagnosis: distinction between seminoma and carcinoma. Cancer 54:843–848

Beck T et al. (1989) Hormonrezeptornachweis der Mammakarzinome: Additive Informationen immunhistochemischer und histologischer Untersuchungen zum biochemischen Rezeptorassay. Tumor Diagn Ther 10:104–108

Bijman JT et al. (1987) Modulation of placental alkaline phosphatase activity and cytokeratins in human HN-1 cells by butyrate, retinoic acid, catecholamines, and histamine. Br J Cancer 56:127–132

Braunstein GD, Rasor et al. (1984) Varying bioactive to immunoactive ratios of the human chorionic gonadotropin-like substance present in normal human tissues. J Clin Endocrinol Metab 58:170–175

Brozman M (1978) Immunhistochemical analysis of formaldehyde- and trypsin- or pepsin treated material. Acta Histochem (Jena) 68:251–260

Clayton F et al. (1982) Immunoperoxidase localization of lactalbumin in malignant breast neoplasms. Arch Pathol Lab Med 106:268–270

Cohen C et al. (1988) Tumor-associated antigens in breast carcinoma. Prognostic sifnificance. Cancer 60:1294–1298

Cole LA (1987) The O-linked oligosaccharide structures are strikingly different on pregnancy and chorioncarcinoma hCG. J Clin Endocrinol Metab 65:811–813

Coombes RC et al. (1981) Screening for metastases in breast cancers. An assessment of biochemical and physical methods. Cancer 48:310–315

Cooper D, Schermer A, Sun TT (1985) Classification of human epithelia and their neoplasms using monoclonal antibodies to keratins: strategies, applications and limitations. Lab Invest 52:243–256

Cordell JL et al. (1984) Immunenzymatic labeling of monoclonal antibodies using immune complexes of alkaline phosphatase and monoclonal antialkaline phosphatase (APAAP complexes). J Histochem Cytochem 32:219–229

DeJong ASH, Van Vark MV, Albus-Lutter CE (1987) Pleomorphic rhabdomyosarkoma in adults: immunohistochemistry as a tool for its diagnosis. Hum Pathol 18:298–303

Delsol G et al. (1984) Human lymphoid cells express epithelial membrane antigen. Lancet 2:1124

Dietel M et al. (1986) Antigen detection by the monoclonal antibodies CA 19-9 and CA 125 in normal and tumor tissue and patients' sera. J Cancer Res Clin Oncol 111:257–265

Doria MI et al. (1987) Alphalactalbumin in „common" epithelial tumors of the ovary. Am J Clin Pathol 87:752–756

Eestermans G et al. (1987) Human placental alkaline phosphatase and acute lung injury. Chest 92:961

Egan MJ et al. (1986) Immunohistochemical localization of S-100 protein in skin tumor. Arch Pathol 110:765–767

Egan MJ, Newman J, Crocker J, Collard M (1987) Immunohistochemical localization of S-100 protein in benign and malignant conditions of the breast. Arch Pathol 111:28–31

Epenetos AA et al. (1984) An immunohistological study of testicular germ cell tumors using two different monoclonal antibodies against placental akaline phosphatase. Br J Cancer 49:11–15

Epstein JI, Kuhajda FP, Lieberman PH (1986) Prostate-specific acid phosphatase immunoreactivity in adenocarcinomas of the urinary bladder. Hum Pathol 17:939–943

Fletcher RH (1986) Carcinoembryonic antigen. Ann Intern Med 104:66–73

Ganjei P et al. (1988) Histologic markers in primary and metastatic tumors of the liver. Cancer 62:1994–1998

Gerald W, Sussman J, True L (1987) Actin-positive myoepithelial cells characterize breast disease. Lab Invest 56:27A

Ghosh L, Ghosh BC, Gupta TKD (1978) Intracellular demonstration of growth homone in human mammary carcinoma cells. Am J Surg 135:215–217

Gion M et al. (1986) Carcinoembryonic antigen, ferritin, and tissue polypeptide antigen in serum and tissue: Relationship with the receptor content in breast carcinoma. Cancer 57:917–922

Glasser SR, Julian J (1986) Intermediate filament protein as a marker of uterine stromal cell decidualization. Biol Reprod 35:463–473

Gold P, Freedman SO (1965) Demonstration of tumor specific antigens in human colonic carcinoma by immunological tolerance and absorption techniques. J Exp Med 121:439–462

Gown AM, Vogel AM (1984) Monoclonal antibodies to human intermediate filament proteins. II. Distribution of filament proteins normal human tissues. Am J Pathol 114:309–321

Guesdon JL et al. (1979) The use of avidin-biotin interaction in immunoenzymatic techniques. J Histochem Cytochem 27:1131–1139

Guldhammer B, Norgaard T (1986) The differential diagnosis of intraepidermal malignant lesions using immunohistochemistry. Am J Dermatopathol 8:295–301

Gutmann EB, Sproul EE, Gutmann AB (1936) Significance of increased phosphatase activity of bone at the site of osteoblastic metastases secondary to carcinoma of the prostate gland. Am J Cancer 28:485–495

Hall L, Campbell PN (1986) α-lactalbumin and related proteins: a versatile gene family with an interesting parentage. Essays Biochem 22:1–26

Hammer RE et al. (1987) Diversity of alpha-fetoprotein gene expression in mice is generated by a combination of separate enhancer elements. Science 235:53–58

Hanjan SNS et al. (1982) A monoclonal antibody (MMA) that identifies a differentiation antigen on human myelomoncytic cells. Clin Immunol Immunopathol 23:172–188

Horwitz KB, Wei LL et al (1985) Progestin action and progesterone receptorstructure in human breast cancer: a review. Rec Prog Horm Res 41:249–315

Hoshina M, Boothby M et al. (1985) Linkage of human chorionic gonadotrophin and placental lactogen biosynthesis to trophoblast differentiation and tumorigenesis. Placenta 6:163–172

Hsu S-M et al. (1985) Phenotypic expression of Hodgkin's and Reed-Sternberg cells in Hodgkin's disease. Am J Pathol 118:209–217

Hsu S-M et al. (1986a) L&H variants of Reed-Sternberg cells express sialylated Leu M1 antigen. Am J Pathol 122:199–203

Hsu S-M et al. (1986b) Biochemical and ultrastructural study of Leu M1 antigen in Reed-Sternberg cells: Comparison with granulocytes and interdigitating reticulum cells. J Natl Cancer Inst 77:363–370

Hussa RO, Fein HG, Pattillo RA et al. (1986) A distinctive form of human chorionic gonadotropin betasubunit-like material produced by cervical carcinoma cells. Cancer Res 46:1948–1954

Imam A et al. (1984) Immunohistochemical study of the expression of human milk fat globule membrane glycoprotein 70. Cancer Res 44:2016

Jackson LL, Colosi P et al. (1986) Molecular cloning of mouse placental lactogen cDNA. Proc Natl Acad Sci USA 83:8496–8500

Jacobsen GK (1983) Alpha-fetoprotein (AFP) and human chorionic gonadotropin (HCG) in testicular germ cell tumors. A comparison of histologic and serologic occurence of tumor markers. Acta Pathol Microbiol Immunol Scand [A] 91:183

Jadvapour N (1980) Significance of elevated serum alphafeteoprotein (AFP) in seminoma. Cancer 45:2166–2168
Jadvapour N et al. (1980) Immunocytocemical discordance in localization of pregnancy specific beta-1 glycoprotein, alpha-fetoprotein and human chorionic gonadotropin in testicular cancers. J Urol 124:615–616
Jasiewicz ML et al. (1976) Selective retrieval of biotin-labeled cells using immobilized avidin. Exp Cell Res 100:213–217
Kauppila A et al. (1983) Clinical significance of estrogen and progestin receptors in ovarian cancer. Obstet Gynecol 61:320
Kawabe TT, Kalra K (1986) Intermediate filaments: a diagnostic tol for tumor classification. Lab Med 17:143–146
Keshgegian AA, Kline TS (1984) Immunoperoxidase demonstration of prostatic acid phosphatase in aspiration biopsy cytology. Am J Clin Pathol 82:586–588
Khong TY, Lane EB, Robertson WB (1986) An immunohistochemistry study of fetal cells at the maternalplacental interface using monoclonal antibodies to keratins, vimetin and desmin. Cell Tissue Res 246:189–195
King WJ, Greene GL (1984) Monoclonal antibodies localize estrogen receptor in the nuclei of target cells. Nature 307:745–747
Knoll BJ et al. (1987) Two gene duplication events in the evolution of the human heat-stable alkaline phosphatase. Gene 60:267–276
Koprowski H et al. (1979) Colorectal carcinoma antigens detected by hybridoma antibodies. Cell Genet 5:957–972
Kufe D et al. (1984) Differential reactivity of a novel monoclonal antibody (DF3) with human malignant versus benign breast tumors. Hybridoma 3:223–232
Kurman RJ, Young RH, Norris HJ (1984) Immunocytochemical localisation of placental lactogen and chorionic gonadotropin in the normal placenta and trophoblastic tumors, with emphasis on intermediate trophoblast and the placental site trophoblastic tumor. Int J Gynecol Pathol 3:101–121
Kurtin PJ et al. (1985) Epithelial membrane antigen and leukocyte common antigen as diagnostic discriminants in surgical pathology. Lab Invest 52:37A
Lange PH (1983) Serum and tissue markers of testicular tumors. Int J Androl [Suppl 4]: 191–202
Lazarides E (1980) Intermediate filaments as mechanical integrators of cellular space. Nature 282:249–256
Lee AK et al. (1984) Alpha-lactalbumin as an immunohistochemical marker for metastatic breast carcinomas. Am J Surg Pathol 8:93–100
Lloyd RV et al. (1984) Peanut lectin agglutinin and alpha-lactalbumin in breast diseases. Arch Pathol Lab Med 108:392–395
Loose JH et al. (1984) Identity of the neoplastic alkaline phosphatase as revealed with monoclonal antibodies to the placental form of the enzyme. Am J Clin Pathol 82:173–177
McDicken IW et al. (1983) Expression of human placental-type alkaline phosphatase in primary breast cancer. Int J Cancer 32:205–209
McNutt MA, Bolen JW, Gown AM et al. (1985) Co-expression of intermediate filaments in human epithel neoplasms. Ultrastruct Pathol 9:31–43
Meis JM, Ordonez NG, Gallager HS (1987) Sarcomatoid carcinoma of the breast: an immunohistochemical study of six cases. Virchows Arch 410:415–421
Molin SO, Rosengren L, Baudier J et al. (1985) S-100 alpha-like immunoreactivity in tubules of rat kidney. J Histochem Cytochem 33:367–374
Moll R, Franke WW, Schiller DL et al. (1982) The catalogue of human cytokeratins: patterns of expression in normal epithelia, tumors and cultured cells. Cell 31:11–24
Moore BW (1965) A soluble protein characteristic of the nervous system. Biochem Biophys Res Commun 19:739–744
Moretuzzo RW et al. (1988) Serum and peritoneal lavage fluid CA-125 levels in endometriosis. Fertil Steril 50:430–433
Moyle WR et al. (1983) Quantitative explanation for increased affinity shown by mixtures of monoclonal antibodies: Importance of a circular complex. Mol Immunol 20:439–452

Muensch HA et al. (1986) Placental-like alkaline phosphatase. Re-evaluation of the tumor marker with exclusion of smokers. Cancer 58:1689–1694

Neunteufel W, Breitenecker G (1986) Distribution and localisation of CA 125, CA 19-9 and CEA in 91 ovarian tumors: An immunohistochemical study. Tumor Marker Oncol 1:117–126

Nishi S (1970) Isolation and characterization of human fetal globulin from the sera of fetuses and a hepatoma patient. Cancer Res 30:2507–2713

Norgaard-Pederson B et al. (1974) Localisation of human alpha-fetoprotein synthesis in hepatoblastomacells by immunefluorescence and immunoperoxidase methods. Acta Pathol Microbiol Scand 82:169–174

Odell WD, Griffin J (1987) Pulsatile secretion of human chorionic gonadotropin in normal adults. N Engl J Med 317:1688–1691

Ormerod MG et al. (1983) Epithelial membrane antigen: partial purification, assay and properties. Br J Can 48:533

Paiva J et al. (1983) Immunohistochemicallocalization of placental-like alkaline phosphatase in testis and germ-cell tumors using monoclonal antibodies. Am J Pathol 111:156–165

Parmar H et al. (1985) Advanced ovarian carcinoma: response to the agonist D-Trp6-LHRH. Cancer Treat Rep 69:1341

Paxton RJ et al. (1987) Sequence analysis of carcinoembryonic antigen: Identification of glycosylation sites and homology with the immunoglobulin supergene family. Proc Natl Acad Sci USA 84:920–924

Press MF, Greene GL (1984) An immunocytochemical method for demonstrating estrogen receptor in human uterus using monoclonal antibodies to human estrophilin. Lab Invest 50:480–486

Press MF et al. (1985) Immunocytochemical identification of estrogen receptor in ovarian carcinomas: Localization with monoclonal estrophilin antibodies compared with biochemical assays. Lab Invest 53:349–361

Press MF, Nousek-Goebl NA, Bur M, Greene GL (1986) Estrogen receptor localisation in the female genital tract. Am J Pathol 123:280–292

Press MF, Udove JA, Greene GL (1988) Progesterone receptor distribution in the human endometrium. Analysis using monoclonal antibodies to the human progesterone receptor. Am J Pathol 131:112–124

Rasmuson T et al. (1987) Tumor markers in mammary carcinoma. Acta Oncol 26:261–267

Remmele W, Stegner HE (1986) Immunhistochemischer Nachweis von Östrogenrezeptoren (ER-ICA) in Mammakarzinomgewebe: Vorschlag zur einheitlichen Formulierung des Untersuchungsbefundes. Dtsch Ärztebl 83:3362–3364

Said JW et al. (1983) Keratin proteins and carcinoembryonic antigen in lung carcinoma: An immunperoxidase study of fifty-four cases, with ultrastructural correlations. Hum Pathol 14:70–76

Schwartz PE, Keating G, MacLusky N et al. (1982) Tamoxifen therapy for advanced ovarian cancer. Obstet Gynecol 59:583–588

Sewell HF et al. (1987) Reaction of monoclonal anti-Leu M1-a myelomonocytic marker (CD15)-with normal and neoplastic epithelia. J Pathol 151:257–262

Shaw LM, Yang N, Neat M, Croop W (1982) Immunological and clinical specificity of the immunochemical determination of prostatic acid phosphatase. Ann NY Acad Sci 390:73

Sheibani K et al. (1986) Leu M1 antigen in human neoplasms: an immunohistochemical study of 400 cases. Am J Surg Pathol 10:227–236

Smith CJP, Kelleher PC (1980) Alpha-fetoprotein molecular heterogeneity. Physiologicorrelations with normal greowth, carcinogenesis, and tumor growth. Biochim Biophys Acta 605:1–32

Stamey TA et al. (1987) Prostate-specific antigen as a serum marker for adenocarcinoma of the prostate. N Engl J Med 317:909–915

Steinert PM, Steven AC, Roop DR (1985) The molecular biology of intermediate filaments. Cell 42:411–419

Sternberger LA et al. (1970) The unlabeled antibody-enzyme method of im-munhistochemistry. Preparation and properties of soluble antigen-antibody complex (horseradish peroxidase-antiperoxidase). J Histochem Cytochem 18:315–333

Sun NCJ et al. (1983) Immunhistochemical localisation of carcinoembryonic antigen (CEA), CEA-S, and nonspecific cross reacting antigen (NCA) in carcinoma of the lung. Cancer 52:1632–1641

Sunderland CA et al. (1984) Immunohistology of normal and ovarian cancer tissue with a monoclonal antibody to placental alkaline phosphatase. Cancer Res 44:4495–4502

Swarup S et al. (1981) Selective dephosphorylation of proteins containing phosphotyrosine by alkaline phosphatase. J Biol Chem 256:8197–8201

Taylor-Papadimitriou JT et al. (1981) Monoclonal antibodies to epithelium-specific components of the human milk globule membrane: Production and reaction with cells in culture. Br J Cancer 28:17–21

Teufel G et al. (1983) Östrogen- und Progesteronrezeptoren in malignen Ovarialtumoren. Geburtshilfe Frauenheilkd 43:732

Thorner PS et al. (1986) Malignant myoepithelioma of the breast: an immunohistochemical study by light and electron microscopy. Cancer 57:745–750

Uchida T et al. (1981) Immunoperoxidase study of alkaline phosphatase in testicular tumors. Cancer 48:1455–1462

Van Eldik LJ et al. (1982) Calcium-binding proteins and the molecular basis of calcium action. Int Rev Cytol 77:1–61

Van Muijen GNP, Ruiter DJ, Warnaar SO (1987) Coexpression of intermediate filament polypeptides in human fetal and adult tissues. Lab Invest 57:359–369

Vinores SA, Bonnin JM, Rubinstein LJ, Marangos PJ (1984) Immunohistochemical demonstration of neuronspecific enolase in neoplasms of the CNS and other tissues. Arch Pathol Lab Med 108:536–540

Waheed A, Van Etten RL, Gieselmann V, von Figura K (1985) Immunological characterization of human acid phosphatase gene products. Biochem Genet 23:309

Wang MC, Valenzuela LA, Murphy GP, Chu TM (1979) Purification of a human prostate specific antigen. Invest Urol 17:159

Wick MR et al. (1987) Placental-like alkaline phosphatase reactivity in human tumors: an immunohistochemical study of 520 cases. Hum Pathol 18:946–954

Wide L, Hobson B (1987) Some qualitative differences of hCG in serum from early and late pregnancies and trophoblastic disease. Acta Endocrinol (Copenh) 116:465–472

11 Immunszintigraphie und Radioimmuntherapie bei gynäkologischen Malignomen

11.1 Grundlagen

Für die Tumordiagnostik leisten bildgebende Verfahren seit Jahrzehnten einen wesentlichen Beitrag, wobei Ultraschall-, CT- bzw. MRT-Untersuchungen die klassischen Röntgen- und nuklearmedizinischen Methoden teils ergänzen, teils verdrängen. Diese Verfahren sind – v.a. über den Nachweis morphologischer Veränderungen – geeignet, raumfordernde Läsionen zu erkennen sowie bezüglich ihrer Lage, Form und Größe zu charakterisieren. Die morphologischen Befunde lassen aber nur indirekt und daher oft wenig spezifisch auf die Genese einer solchen Läsion schließen. Das Wissen um die hohe Spezifität immunologischer Reaktionen sowie vielfältige Erkenntnisse über tumorassoziierte Antigene stimulieren deshalb interdisziplinäre Arbeitsgruppen, tumorzellständige Antigene als Target für radioaktiv markierte Antikörper und damit für eine spezifische Tumorabbildung (Immunszintigraphie, IS) zu erproben. Bereits in den 50er Jahren tierexperimentell begonnen (Korngold u. Pressman 1954), wurden immunszintigraphische Studien seit den 70er Jahren auch am Menschen durchgeführt (Goldenberg et al. 1978; Mach et al. 1980). Erwähnenswert ist, daß erste Heilversuche mit radioaktiv markierten Antikörpern (Radioimmuntherapie, RIT) an Patienten mit metastasierenden Malignomen bereits vor bzw. begleitend zur diagnostischen Anwendung erfolgten (Beierwaltes 1956; Bale et al. 1960; Order et al. 1980), die radioimmunologische Forschung also von Anfang an auch therapeutische Zielsetzungen beinhaltete.

11.1.1 Monoklonale Antikörper

Frühe Studien in den 70er und 80er Jahren ließen wenig Hoffnung auf eine Überführung in die klinische Routine aufkommen, v.a. wegen der – im Verhältnis zur Tumorspeicherung – starken unspezifischen Anreicherung von ^{131}I-markierten polyklonalen Antikörpern in anderen Geweben, besonders im retikulohistiozytären System (Leber). Zudem waren Herstellung und Reinigung der erforderlichen Antikörpermengen zu aufwendig, um an eine weitere Verbreitung denken lassen zu können. So bewirkte die 1984 mit dem Nobelpreis für Medizin gewürdigte Entwicklung der Hybridomtechnik durch Köhler u. Milstein (1975) den entscheidenden Durchbruch für die experimentelle und klinisch angewandte radioimmunologische Forschung. Durch

Tabelle 11.1. Monoklonale Antikörper und korrespondierende tumorassoziierte Antigene bei gynäkologischen Karzinomen. (Auswahl nach Baum et al. 1989)

Antikörper	Immunglobulinklasse	Antigen	Vorkommen bei gynäkologischen Tumoren
HMFG1	IgG_1	Humanes Milchfettglobulin	Mammakarzinom, Ovarialkarzinom
HMFG2	IgG_1	>300 kDalton[a]-Glykoprotein (muzinähnlich)	Ovarialkarzinom, Mammakarzinom
791T/36	IgG_2	72 kDalton[a]-Membranprotein (Osteosarkomzellinie)	Ovarialkarzinom, Corpus-uteri-Karzinom, Mammakarzinom
H17E2	IgG_1	Plazentare alkalische Phosphatase (PLAP)	Ovarialkarzinom
NDOG2	IgG_{2b}	PLAP	Ovarialkarzinom
3E 1-2	IgM	Zellmembran und Zytoplasma Mammakarzinom	Mammakarzinom
M8	IgG_1	Milchfettglobulinmembran (HMFGM)	Mammakarzinom
Anti-β-HCG	IgG_1	Humanes Choriongonadotropin	Chorionkarzinom, Keimzelltumoren
19-9	IgG_1	CA 19-9	Ovarialkarzinom (muzinös), Mammakarzinom
OC 125	IgG_1	CA 125	Ovarialkarzinom (serös), Korpuskarzinom, Mammakarzinom
155H5	IgG_{2b}	Thomsen-Friedenreich-Antigen, Adenokarzinom	Mammakarzinom, Endometriumkarzinom
12H12	IgG_1	Hochmolekulares Membranprotein von Mammakarzinomzellen	Mammakarzinom
MA 10/11	IgG_{2a} (Ratte)	Humane Mammakarzinomzellen	Mammakarzinom
B72.3	IgG_1	TAG72 (>300 kDalton[a]-Glykoprotein)	Ovarialkarzinom, Mammakarzinom
MOv18	IgG_1	38 kDalton[a]-Membranprotein	Ovarialkarzinom
OV-TL3	IgG_1	OA 3-Membranprotein	Ovarialkarzinom

[a] 1 Dalton = $1{,}6601 \cdot 10^{-27}$ kg.

die Hybridomtechnik ist es möglich geworden, Antikörper sowohl mit genau definierter Affinität zu einer bestimmten Teilstruktur eines Antigens – folglich mit hoher Spezifität – als auch in unbegrenzter Menge herzustellen. Dieser Technik liegt die Zellverschmelzung (Hybridisierung) von antikörperproduzierenden B-Lymphozyten und potentiell unsterblichen Myelomzellen zugrunde. Als Fusionsprodukt entstehen heterokaryote Zellen (Hybridome), die die entscheidenden Eigenschaften beider Fusionspartner in sich vereinen: Sie produzieren spezifische, über die Chromosomen der B-Lymphozyten kodierte Antikörper, und sie vermehren sich unbegrenzt wie Myelomzellen. Die B-Lymphozyten werden in der Regel der Milz einer Maus entnommen, die zuvor mit dem antigenen Material (z.B. einem bestimmten

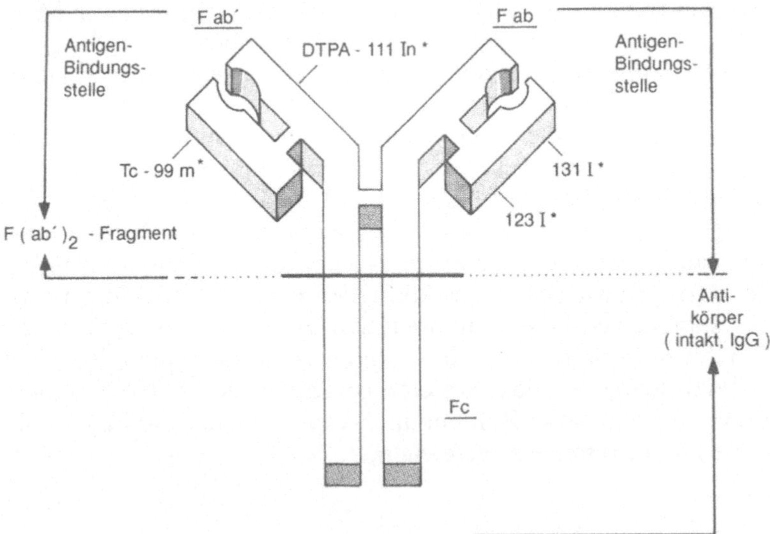

Abb. 11.1. Schematische Darstellung eines monoklonalen Antikörpers (MAK); * radioaktive Isotope zur Antikörpermarkierung. (Nach Baum 1989)

Peptid oder Protein, frischen Tumorzellextrakten bzw. Tumorzellinien oder auch synthetischen Antigenen) immunisiert wurde, weshalb während der Fusion zunächst ein Gemisch von verschiedenen Hybridomen entsteht. Durch Überführung in spezielle Nährmedien sowie durch Sortierverfahren wird die Zellinie (der „Klon") selektiert, die die gewünschten, nur von einem Hybrid abstammenden Antikörpermoleküle („tausendfache eineiige Zwillinge"; Baum et al. 1989c) bildet. Diese monoklonalen Antikörper (MAK) gehören einer definierten Immunglobulinklasse (bei gynäkologischen Tumoren meist IgG_1, IgG_2, auch IgM) an (Tabelle 11.1) und bestehen aus 2 langen („schweren") Ketten („heavy chains") sowie 2 kurzen („leichten") Ketten („light chains"), die miteinander in Form eines Ypsilons verbunden sind (Abb. 11.1). Die immunreaktiven Strukturen, die sich hochspezifisch nur an ein ganz bestimmtes Epitop des relevanten tumorassoziierten Antigens binden, befinden sich an den Enden der beiden Y-Arme, die als Fab- bzw. Fab'-Fragmente des MAK bezeichnet werden. So bleibt nach enzymatischer Abspaltung des Fc-Fragments im $F(ab')_2$-Fragment die Immunreaktivität erhalten, ebenso nach dessen weiterer Aufspaltung im Fab- bzw. Fab'-Fragment.

Die immunreaktiven Antikörperfragmente werden schneller als komplette (intakte) Antikörper aus dem Blutpool eliminiert; ebenso ist ihre unspezifische Bindung, die beim kompletten MAK über Fc-Rezeptoren erfolgt, geringer. Deshalb weisen Fab bzw. $F(ab')_2$ früher (bereits wenige Stunden nach Injektion) ein hohes Tumor-Blut-Verhältnis auf. Andererseits resultiert aus der langsameren Clearance der intakten MAK ein anhaltend hoher Blutspiegel (biologische Halbwertszeit mehrere Tage). Die in Malignomen absolut erreichten Konzentrationen sind daher bei Verwendung von kompletten MAK immer deutlich höher als mit Fragmenten, zumindest nach Markierung mit ^{131}Iod (Senekowitsch 1990).

Ob für IS bzw. RIT intakte MAK oder ihre immunreaktiven Fragmente zu bevorzugen sind sowie die Auswahl des zur Markierung am besten geeigneten Radionuklids, muß im Einzelfall anhand aufwendiger Untersuchungen (z.B. mittels kompetitiver Zellbindungsassays in vitro, Biodistributionsstudien meist an tumortransplantierten Nacktmäusen, immunologischer Prüfungen an Operationsmaterialien, klinischer Studien) entschieden werden. Selbstverständlich darf die Immunreaktivität des Antikörpers durch die Manipulationen (insbesondere die Markierung) nicht oder zumindest nicht wesentlich beeinträchtigt werden, um eine gegenüber der Anreicherung in gesunden Geweben sehr hohe Bindung im Target – dem jeweiligen Malignom mit seinen Metastasen – zu erreichen.

11.1.2 Radionuklide

Eine Übersicht über die zur Markierung von MAK für die Diagnostik oder Therapie gynäkologischer Malignome bisher genutzten Radionuklide gibt Tabelle 11.2; weitere wurden vorgeschlagen (Wolf u. Shani 1986; Molter u. Steinsträsser 1987). Besonders für die im Tumor wie im gesunden Gewebe aufgenommenen Strahlendosen und für die Meßbarkeit der ausgesandten Strahlung sind die physikalischen Eigenschaften entscheidend; daneben bestimmt die Kopplungsfähigkeit eines Radionuklids an die Antikörper-Protein-Strukturen seine Eignung für IS oder RIT. Es gilt, eine hohe Markierungsausbeute bei erhaltener Immunreaktivität zu erreichen, so daß möglichst mehr als 90% des zu injizierenden Antikörpers (1–2 mg für die IS) mit dem Radionuklid markiert sind. Die spezifische Aktivität (Radioaktivität pro mg Antikörper) beträgt hierbei meist zwischen 70 und 1100 MBq (Baum 1989).

^{131}Iod ist das bisher wegen der leichten Erhältlichkeit und der effektiven Markierungsverfahren (direkter Iodeinbau an aromatischen Ringsystemen in Gegenwart milder Oxidationsmittel) am häufigsten zur Immunszintigraphie bei gynäkologischen Malignomen verwendete Radionuklid. Dem Vorteil, die MAK-Anreicherung im Tumor aufgrund der physikalischen Halbwertszeit von reichlich 8 Tagen über einen längeren Zeitraum beobachten zu können, stehen Strahlenschutz- sowie meßtechnische Probleme als gravierende Nachteile gegenüber. Die diagnostisch nicht nutzbare Betastrahlenemission bedingt eine hohe Strahlenexposition des Patienten (ca. 90% der Gesamtdosis), und die hauptsächlich emittierte Gammastrahlenenergie von 364 keV (ca. 80%) liegt in einem für Gammakameras ungünstig hohen Bereich. Zudem wird in vivo ein Teil des Radioiods durch Deiodasen rasch vom MAK (besonders von Fragmenten) abgespalten und als Iodid gastral sezerniert bzw. renal ausgeschieden, was im Bauchraum die Unterscheidung

Tabelle 11.2. Zur Markierung von MAK genutzte Radionuklide in der Immunszintigraphie und Radioimmuntherapie gynäkologischer Karzinome

1. Strahlenphysikalische Eigenschaften. (Nach Moltner und Steinsträsser 1987)

Radionuklid	t½	Beim Zerfall emittierte Strahlung und deren Energie
Diagnostik		
^{131}I	192,5 h	γ (364, 637, 284 keV) β (0,6, 0,8 MeV)
^{123}I	13,2 h	γ (159 keV)
^{111}In	67,4 h	γ (247, 173 keV)
^{99m}Tc	6,0 h	γ (141 keV)
Therapie		
^{131}I	s. oben	
^{90}Y	64,1 h	β (2,3 MeV)[a]

[a] Bremsstrahlung.

2. Vergleich der Strahlenbelastung und Kosten der pro Untersuchung (*IS*) applizierten Aktivitäten. (Nach Britton u. Granowska 1990)

Radionuklid	Applizierte Aktivität (MBq)	Absorbierte Dosis (% relativ zu ^{131}I)	Kosten[b] (% relativ zu ^{131}I)
^{131}I	60	100	100
^{123}I	120	14	170
^{111}In	120	78	225
^{99m}Tc	600	20	2

[b] Keine fixen, sondern zwischen verschiedenen nuklearmedizinischen Einrichtungen stark differierende Kosten (abhängig vom Lieferanten sowie Lieferumfang, Transportwegen, ^{99m}Tc-Generatorauslastung usw.).

zwischen freier (unspezifischer) ^{131}I-Anreicherung und spezifischer ^{131}I-MAK-Akkumulation im Tumor erschweren kann. Wegen der thyreoidalen Affinität zu freiem Iodid muß eine effektive Schilddrüsenblockade durchgeführt werden, z.B. mit 1,0 g Perchlorat sowie 480 mg Kaliumiodid am Tage vor sowie in fallender Dosierung über 7 Tage nach ^{131}I-Applikation. Trotz dieser ebenfalls nicht risikolosen Schilddrüsenblockade resultieren aus der Verabfolgung der üblichen ^{131}I-MAK-Aktivitäten Strahlenbelastungen, die ein Vielfaches gegenüber denen bei anderen nuklearmedizinischen Untersuchungsverfahren betragen und nur durch einen hohen diagnostischen Informationsgewinn zu rechtfertigen sind, z.B. nach Infusion von 115 MBq ^{131}I-OC 125 $F(ab')_2$ eine Schilddrüsendosis von etwa 150 mGy (15 rd) sowie eine effektive Dosis von mehr als 20 mSv, entsprechend 2 rem (Roedler et al. 1987).

Als reiner γ-Strahler mit der für die Szintigraphie günstigen Energie von 159 keV ist ^{123}Iod wesentlich besser für die Diagnostik geeignet und deshalb frühzeitig für die MAK-Markierung auch bei gynäkologischen Malignomen propagiert worden (Epenetos et al. 1982). Aufgrund der an ein Zyklotron gebundenen ^{123}I-Produktion und der – unter Berücksichtigung des Transports – mit 13 h kurzen Halbwertszeit stehen aber logistische Probleme einer umfangreichen Anwendung entgegen (hohe Herstellungs- und Transportkosten, keine ständige Verfügbarkeit).

Obwohl ^{111}In als Zyklotronprodukt ebenfalls teuer ist, wird es aufgrund seiner günstigen strahlenphysikalischen Eigenschaften (s. Tabelle 11.2) zunehmend als MAK-Markierungsnuklid für die IS eingesetzt, zumal die ^{111}In-Markierung über einen Chelatkomplexbildner (DTPA) ziemlich einfach und deshalb in der Klinik (also bei Bedarf) durchzuführen ist. Allerdings hat diese (bei Metallionen wie $^{111}In^{3+}$ erforderliche) indirekte Bindung über einen Chelatkomplex ebenfalls Nachteile. So können DTPA-Reste auch am immunreaktiven Teil des Antikörpers bzw. der Fragmente die Struktur verändern und hierdurch die Immunreaktivität mindern. Weiterhin weicht das biokinetische Verhalten des ^{111}In-DTPA-MAK-(bzw. Fragment-)Komplexes von der nach direkter Iodmarkierung zu beobachtenden MAK-Kinetik durch eine verlangsamte Clearance im retikulohistiozytären System ab, so daß v.a. der Nachweis von Lebermetastasen durch eine hohe unspezifische ^{111}In-MAK-Anreicherung in der Leber erschwert ist. Vorteilhaft ist die hohe Stabilität der Komplexe, wodurch im Unterschied zu den Iodisotopen eine ^{111}In-Abspaltung in vivo nicht zu befürchten ist.

Da ^{99m}Tc als Generatorprodukt in allen nuklearmedizinischen Einrichtungen jederzeit kostengünstig zur Verfügung steht und als reiner Gammastrahler mit 140 keV nahezu ideale kernphysikalische Eigenschaften aufweist (s. Tabelle 2), ist die Markierung von Antikörpern bzw. Antikörperfragmenten mit ^{99m}Tc für die IS sehr wünschenswert. Die für einfache Metallionen (wie In^{3+}) günstige DTPA-Gruppe ist jedoch für das Übergangsmetall Technetium wenig geeignet, da unter üblichen Markierungsbedingungen instabile, unspezifische Komplexe entstehen. Neue Perspektiven hat ein Verfahren eröffnet, bei dem die Bindung des ^{99m}Tc an zuvor reduzierte Disulfidbrücken ohne zusätzlichen Komplexbildner erfolgt (Schwarz u. Steinsträsser 1987; Baum et al. 1989d). So können z.B. mit dem auf diese Weise ^{99m}Tc-markierten MAK BW 431/26 CEA-positive Primärtumoren, Rezidive und v.a. Metastasen von kolorektalen, aber auch Mammakarzinomen bereits 5–24 h p.i. in szintigraphisch guter Qualität abgebildet werden. Aufgrund ebenfalls überzeugender erster Ergebnisse mit ^{99m}Tc-markierten HMFG1 sowie SM3 an 12 Patientinnen mit Ovarialkarzinom wird ^{99m}Tc als Markierungsnuklid der Wahl für die IS eingeschätzt (Granowska et al. 1990). Bezüglich weiterer, für die Diagnostik anderer gynäkologischer Malignome geeigneter ^{99m}Tc-markierter Immunszintigraphiepräparate steht die Forschung erst am Anfang (Molter u. Steinsträsser 1987). Dabei ist die relativ zur Antikörperkinetik mit 6 h kurze physikalische Halbwertszeit des ^{99m}Tc zu berücksichtigen, die den Zeitraum für qualitativ ausreichende immunszintigraphische Aufnahmen auf etwa 24 h p.i. einengt.

11.1.3 Szintigraphie

Die IS erfolgt zu unterschiedlichen Zeiten nach Applikation der mit den genannten Radionukliden markierten MAK mit Gammakameras in planarer oder SPECT-Technik.

Gammakameras sind Geräte, mit denen gleichzeitig γ-Strahlen aus dem gesamten Raum erfaßt werden, über dem sich ihr Detektor befindet. Die γ-Strahlen fallen durch einen vorgeschalteten Parallellochkollimator weitgehend achsenparallel auf einen Szintillationskristall, der je nach Typ einen Durchmesser von bis zu 55 cm hat. Im Kristall lösen die ionisierenden Strahlen Lichtblitze aus, die über hexagonal angebrachte Sekundärelektronenvervielfacher in elektrische Signale (Impulse) umgewandelt und über eine komplizierte Elektronik ortsrichtig auf ein Registrier- und Dokumentationssystem weitergeleitet werden. Das kann bei der planaren Szintigraphie ein Oszilloskop sein, dessen Lichtpunkte die Aktivitätsverteilung im Raum, über dem sich der Gammakameradetektor befindet (z.B. dem Abdomen), zweidimensional widerspiegeln und fotographisch zu dokumentieren sind. Für eine räumliche Beurteilung der Aktivitätsverteilung sind daher bei der planaren Szintigraphie aufeinanderfolgende Aufnahmen in mehreren Ebenen (z.B. von ventral und von lateral) erforderlich. Zunehmend werden Prozeßrechner eingesetzt, die die Ortsimpulse der Gammakamera nach Analog-digital-Wandlung auf einem Datenspeicher sammeln und die weitere Bearbeitung nach Untersuchungsende erlauben.

Bei der Single-Photon-Emissionstomographie (SPECT) bewegt man den Detektor der Gammakamera auf einer geometrisch definierten – z.B. kreisförmigen – Bahn motorisch um die abzubildende Körperregion des Patienten. Auf diesem Weg wird im Rechner das Verteilungsmuster des zuvor applizierten Radiopharmakons in zahlreichen (bei Vollkreisrotation mindestens 60) Projektionen registriert, aus denen dann Schnittbilder zu berechnen sind. Die dreidimensionale Aktivitätsverteilung wird durch eine Serie frontaler, sagittaler bzw. transversaler Schnittbilder darstellbar. Der diagnostische Vorteil der SPECT gegenüber den in planarer Technik erstellten Szintigrammen liegt derzeit v.a. in der überlagerungsfreien Darstellung, wodurch Störeffekte der nicht im Zielgewebe angereicherten Radioaktivität vermieden bzw. in der Körpertiefe liegende Strukturen sicher beurteilbar werden.

Welches Verfahren wann zur IS sinnvoll eingesetzt werden kann, hängt außer vom genutzten Markierungsnuklid sowie vom MAK (Klasse und Subklasse, intakt oder Fragment, Spezifität, Immunreaktivität, Affinität zum Antigen usw.) natürlich von weiteren, die Biokinetik und Tumoraufnahme der MAK beeinflussenden Faktoren wie Applikationsweg (intravenös, intraperitonal etc.), der Perfusion sowie Gefäßpermeabilität des Malignoms oder der Antigendichte, -expression bzw. -lokalisation ab (Britton u. Granowska 1990; Senekowitsch 1990). Hier sollen nur einige „Faustregeln" für die IS geschildert werden.

Vor allem bei nicht von vornherein eindeutig positiven Befunden sind Aufnahmen in zeitlicher Folge erforderlich, da die Blutpool- und Gewebeaktivität nach der initialen Verteilung sowie der unspezifischen Organaufnahme abfällt, während die spezifische MAK-Bindung an das tumorassiziierte Antigen zunimmt („tumortypische Kinetik"; Baum et al. 1989d). Deshalb können anhand der in identischer Position erstellten Szintigrammfolge visuelle Vergleiche oder – besser – am Rechner durchgeführte Trendanalysen des zeitlichen Aktivitätsverlaufs einen relativen Anstieg in Karzinomen, Rezidiven bzw. Metastasen gegenüber dem Untergrund sowie gesunden Organen erkennen lassen. Der für die IS geeignete Zeitraum wird u.a. durch die für eine ausreichende Bildqualität erforderliche Impulsrate und die für eine konstante Patientenlagerung noch vertretbare Aufnahmezeit bestimmt – für die SPECT sollten mindestens 5 Mio. Gesamtimpulse pro Rotation innerhalb von 30–60 min, bei der planaren IS 0,5–2 Mio. Impulse pro Bild in etwa 5–10 min angestrebt werden.

Unter Berücksichtigung der applizierten Aktivitäten und Halbwertszeiten (s. Tabelle 11.2) gelten als günstige SPECT-Aufnahmezeiten für die immunszintigraphische Malignomdarstellung nach Markierung mit ^{123}I 4–6 h, mit ^{111}In 24–48 h und mit ^{99m}Tc 4–6 h (Britton u. Granowska 1990), während bei der ^{131}I-SPECT oft so niedrige Impulsraten resultieren, daß Differenzen zwischen pathologisch und normal kaum zu objektivieren sind (Pink et al. 1990).

Die planare IS ist über einen längeren Zeitraum ergiebig, z.B. mit ^{99m}Tc über mehr als 24 h und mit ^{131}I sogar über 5 (mit sehr niedrigen Impulsraten auch 10) Tage; 10 bis maximal 60 min nach i.v. Applikation von ^{123}I-, ^{111}In- oder ^{99m}Tc-MAK erstellte Frühaufnahmen zeigen die Verteilung in den großen Blutgefäßen und Organen (z.B. Leber, Milz, Nieren, Skelett). Sie erlauben im Vergleich mit Szintigrammen, die – je nach Radionuklid – Stunden bis Tage später nach sorgfältiger Patientenlagerung in gleicher Position (Markierung charakteristischer Körperpunkte, z.B. mit ^{57}Co) aufgenommen wurden, sowohl die oben erwähnte Trendanalyse (am einfachsten durch analoge Subtraktion der Früh- von späteren Aufnahmen) als auch die topographische Zuordnung einer sich auf den späten Aufnahmen abzeichnenden MAK-Anreicherung im Tumor. Bei Einsatz von ^{131}I-MAK sind Backgroundsubtraktion und anatomische Orientierung durch die Doppelradionuklidtechnik möglich (simultane Aufnahme z.B. mit ^{99m}Tc-Albumin oder -Nanocoll; Baum et al. 1988).

Bezüglich der Sensitivität des Tumornachweises zeigten bisherige systematische Vergleiche eine deutliche Überlegenheit der SPECT gegenüber der planaren IS z.B. bei Verwendung von ^{111}In-markierten MAK (Bares et al. 1987), allerdings auch mit ^{111}In nicht in allen Studien (Happ et al. 1987). So erscheint ein differenzierter Einsatz empfehlenswert: Die Erfordernis, mehrere Regionen (Becken, Abdomen, Thorax), oft den ganzen Körper zu untersuchen, und die einfachere Beobachtung des zeitlichen Verlaufs der Aktivitätsverteilung favorisieren die planare Technik; die aufwendigere SPECT sollte man während der Studie einmal über unübersichtlichen Regionen (z.B. Becken) zur Vermeidung von Überlagerungsartefakten und bei unklaren planaren Befunden durchführen.

11.1.4 Radioimmuntherapie

Vorangestellt sei, daß sich die Radioimmuntherapie (RIT) in der Humanmedizin als Ultima ratio nach erfolgloser, voll ausgeschöpfter konventioneller Behandlung noch im experimentellen Stadium befindet und bisher ausschließlich palliative Effekte ohne schwerwiegende Nebenwirkungen erzielbar sind. Sie sollte nur nach einem eingehenden Konsil der an der Betreuung onkologischer Patienten beteiligten Ärzte und ausführlicher Aufklärung der Kranken über die begrenzten Erfahrungen mit Betonung potentieller, bisher nicht bekannter Nebenwirkungen eingesetzt werden (Hör u. Baum 1987).

Zu den methodischen Grundlagen gehört (neben der prätherapeutischen Histologie, Immunhistochemie und Tumormarkerserumspiegelbestimmung) eine diagnostische Ganzkörper-IS mit Abschätzung der Dosimetrie, die hinreichend hohe Tumor- sowie noch vertretbare Organdosen erwarten lassen muß.

Die Möglichkeit, diagnostisch (γ-Strahlung) und therapeutisch (β-Strahlung) dasselbe Radionuklid zu nutzen (s. Tabelle 11.2), ist eine der Ursachen für die überwiegende Verwendung ^{131}I-markierter MAK zur RIT. Nach therapeutischer ^{131}I-MAK-Applikation liefern wiederholte Ganzkörperszintigramme und dosimetrische Berechnungen essentielle Daten über die Kinetik (Tumor-Metastasen-Verteilung, unspezifische Bindung, Iodidanreicherung), die bei wiederholtem MAK-Einsatz erhebliche Unterschiede aufweisen kann, worauf unter 11.1.5 noch einzugehen ist. ^{131}I ist jedoch keineswegs ein ideales Radionuklid für die RIT (s. Tabelle 11.2): Aufgrund der langen Halbwertszeit ist die Dosisleistung gering und infolge ihrer niedrigen Energie die Reichweite der β-Strahlen im Gewebe meist zu kurz (im Mittel 2,3 mm), um eine annähernde homogene Dosisverteilung im Tumor zu erreichen. Hinzu kommt – wie bereits erwähnt – die in vivo rasche Dehalogenierung, die zu einer zusätzlichen Strahlenbelastung besonders der Schilddrüse und des Harntrakts durch freies ^{131}I-Iodid führt.

Der Vorteil von ^{90}Y für die MAK-Markierung zur RIT besteht in der hohen β-Energie (s. Tabelle 11.2) mit einer maximalen Reichweite von 11 mm im Gewebe. Deshalb werden durch die Bestrahlung nicht nur die Zellen, an deren Oberflächenantigenen sich die markierten MAK befinden, sondern auch umgebende Malignomanteile geschädigt, was unter Berücksichtigung der Heterogenität der MAK-Anreicherung in den meisten Tumoren von entscheidender Bedeutung sein kann. Nachteilig ist das Fehlen einer für biokinetische bzw. dosimetrische Messungen geeigneten γ-Strahlung (die Bremsstrahlung ist hierfür überwiegend zu schwach). Aufgrund gleicher Markierung über einen Chelatkomplexbildner (DTPA) und ähnlicher Eigenschaften kann man – allerdings mit Einschränkungen – den mit ^{111}In-markierten MAK für biokinetische Studien vor der RIT mit dem ^{90}Y-markierten MAK nutzen.

Der Einsatz weiterer β- und auch α-strahlender Radionuklide für die RIT wird diskutiert (Bischof-Delaloye u. Delaloye 1990; Humm u. Cobb 1990).

Unabhängig vom Markierungsnuklid sind nach systemischer (intravenöser) Verabfolgung der derzeit verfügbaren MAK (einschließlich ihrer Fragmente) – trotz überzeugender (kurativer!) tierexperimenteller Resultate – in der Humanmedizin für (anhaltende) Remissionen ausreichende Strahlendosen (>30 Gy) in soliden Tumoren bei Schonung gesunden Gewebes nicht erreichbar. Bei der xenotransplantierten Nacktmaus, dem am häufigsten genutzten Tiermodell, werden durchaus 20–30% des applizierten MAK pro g Tumor angereichert. Dagegen wäre beim Menschen eine Aufnahme von 1% pro g Tumor außerordentlich hoch; gewöhnlich registriert man 0,001–0,1% der injizierten Aktivität pro g Tumor (Goodwin 1987).

11.1.5 Humane Anti-Maus-Antikörper (HAMA)

Da fast alle derzeit zur IS und RIT eingesetzten MAK murinen Ursprungs sind, kann der menschliche Organismus auf ihre Applikation mit der Bildung von Antikörpern (HAMA) gegen diese artfremden Proteine reagieren. Bei einigen Patienten wurden sogar präexistente, d.h. vor der ersten (bekannten) Injektion muriner Immunglobuline bereits vorhandene HAMA gemessen (Mojiminiyi et al. 1990). Die ursprüngliche Befürchtung, eine MAK-Injektion würde beim Vorliegen von HAMA allergische Reaktionen auslösen, hat sich – abgesehen von äußerst seltenen und dann milden Erscheinungen – nicht bestätigt, so daß man vielerorts bei intravenöser MAK-Verabfolgung auf die anfangs geforderte langsame Infusion verzichtet. Die HAMA formieren sich aber mit den injizierten MAK sehr schnell zu Komplexen hohen Molekulargewichts, die eine signifikant verkürzte Blutclearance und hohe Leber-, Milz-, Knochenmark- sowie Nierenakkumulation – also eine völlig veränderte Biodistribution – aufweisen (Senekowitsch et al. 1988). In Längsschnittuntersuchungen auch bei gynäkologischen Tumorpatientinnen fanden sich nach wiederholter MAK-Applikation bei ca. 30% HAMA, mit zunehmender Applikationszahl noch häufiger; bei Verwendung von Fragmenten war das Auftreten von HAMA deutlich seltener (Chatal et al. 1990; Hertel et al. 1989; Reynolds et al. 1986). Als nachteilige Konsequenz ist das hohe Risiko falsch negativer Resultate in immunszintigraphischen Verlaufskontrollen hervorzuheben (obwohl trotz HAMA-Reaktion oft eine erfolgreiche Tumordarstellung gelang; Baum et al. 1989b). Noch schwerwiegender sind die Folgen für die RIT, da schon beim ersten Therapieversuch HAMA – und deshalb gegenüber der vorherigen IS reduzierte bis aufgehobene Tumoranreicherungen – vorliegen können. Die Testung auf HAMA mit In-vitro-Assays sollte daher vor der ersten MAK-Verabfolgung beginnen und bei Mehrfachapplikation obligatorisch sein.

11.2 Klinische Erfahrungen mit der Immunszintigraphie

Einen Überblick über Ergebnisse immunszintigraphischer Studien mit MAK gibt Tabelle 11.3. Über die längste und wohl umfangreichste Erfahrung insbesondere in der Diagnostik des Ovarialkarzinoms verfügt zweifellos die Londoner Arbeitsgruppe um Britton, Granowska und Epenetos. Größere, prospektiv durchgeführte Studien liegen nur vereinzelt, aber mit – im direkten Vergleich zu CT und Sonographie – ermutigenden Resultaten vor.

11.2.1 Ovarialkarzinom

Die folgenden Ausführungen basieren hauptsächlich auf den Erfahrungen und Ergebnissen zweier europäischer Multizenterstudien mit ^{131}I- bzw. ^{111}In-markierten F(ab')$_2$-Fragmenten des OC 125 (Tabellen 11.3 und 11.4, Abb. 11.2; Baum et al. 1989a), dem bei Ovarialkarzinompatientinnen von den meisten Arbeitsgruppen und auch insgesamt – vor HMFG2 – am häufigsten genutzten MAK. OC 125, ein von Bast et al. bereits 1981 beschriebener Antikörper, ist gegen das tumorassoziierte, hochmolekulare Glykoprotein CA 125 gerichtet, das immunhistochemisch bei 80% aller epithelialen (nicht muzinösen) Ovarialkarzinome nachweisbar ist. Da dieses Antigen durch die Tumorzellen in den Blutstrom abgegeben wird, kann zirkulierendes CA 125 einerseits mittels In-vitro-Tests nachgewiesen und zur IS-Indikationsstellung genutzt werden, andererseits aber auch das zur IS injizierte, radioaktiv markierte OC 125 F(ab')$_2$ binden. Vermutete Vorteile von MAK, die rein tumorzellständige Antigene erkennen (z.B. OV-TL3), haben sich im klinischen IS-Vergleich nicht bestätigt.

In der Primärtumordiagnostik lehnt man immunszintigraphische Screeningversuche – wie auch Tumormarkerbestimmungen im Serum – grundsätzlich als ungeeignet ab. Dagegen wird die IS für den Fall eines klinisch begründeten Verdachts auf ein gynäkologisches Malignom im kleinen Becken (Abb. 11.3 und 11.4) von Teilnehmern der erwähnten Multizenterstudie teils als für die Operationsplanung wertlos (Chatal et al. 1990), teils als gelegentlich hilfreich beim Tumorstaging eingeschätzt (Baum et al. 1989c), da sie – stets als Ganzkörperuntersuchung durchgeführt – Fernmetastasen oder einen Lymphknotenbefall nachweisen kann.

Bei präoperativer IS mit ^{131}I-markierten OC 125 F(ab')$_2$ ist zudem eine intraoperative Radioimmundetektion sonst nicht erkannter Karzinomabsiedlungen möglich. Die Erlanger Arbeitsgruppe hat mit einer kollimierten, handgeführten Gammasonde anläßlich der Laparatomie 8–13 Tage nach IS und mehrfacher Peritoneallavage intraabdominelle Mikro- bzw. retroperitoneale Lymphknotenmetastasen sowie kleine Tumorresiduen häufiger und gezielter als mit konventioneller Probeexzision erfaßt (Feistel et al. 1989). Zur besseren Identifizierung metastatisch befallener Lymphknoten könnte ebenso die Immunlymphszintigraphie nach interstitieller Applikation mar-

Tabelle 11.3. Ergebnisse klinischer Immunszintigraphiestudien mit monoklonalen Antikörpern bei gynäkologischen Karzinomen

Antikörper	Nuklid	Technik	Positivrate	Sensitivität [%]	Autoren
HMFG1, HMFG2	^{123}I	Planar/ECT	24/39	62 (retrospektiv)	Epenetos et al.[a] (1986)
791 T/36 (intakt)	^{131}I	Planar	8/17	47 (retrospektiv)	Williams et al.[a] (1984)
791 T/36 (intakt)	^{131}I	Planar	11/12	? (retrospektiv)	Symonds et al.[a] (1985)
791 T/36 (intakt)	^{131}I	Planar	16/18	89 (retrospektiv)	Perkins et al.[a] (1986)
H17EZ	^{111}In	Planar/ECT	10/15	? (retrospektiv	Epenetos et al.[a] (1986)
HMFG2 (intakt)	^{123}I	Planar	35/40	88 (retrospektiv)	Granowska et al.[a] (1984)
			11/15	73 (prospektiv)	
HMFG2 (intakt)	^{123}I	Planar („probability mapping“)	19/20	95 (prospektiv)	Granowska et al.[a] (1984)
HMFG2 (intakt)	^{123}I	Planar	16/18	89 (retrospektiv)	Pateiskyet al.[a] (1985)
NDOG2	^{123}I	Planar	10/13	? (retrospektiv)	Jackson et al.[a] (1985)
3E1-2	^{131}I	Planar	9/9	100 (retrospektiv)	Thompson et al.[a] (1984)
OC 125 F(ab')$_2$	^{131}I	Planar/ SPECT	58/71	82 (retrospektiv)	Baum et al.[a] (1987)
OC 125 F(ab')$_2$	^{131}I	Planar	24/28	86	Bourguet et al.[a] (1986)
OC 125 F(ab')$_2$ 19-9 F(ab')	^{131}I	Planar/ SPECT	16/24	67 (prospektiv)	Chatal et al.[a] (1986)
OC 125 F(ab')$_2$	^{131}I	Planar/ SPECT	77/94	82 (retrospektiv)	
			18/28	64 (prospektiv)	European Study Group[a]1 (1989)
M8	^{111}In	Planar	13/17	?	Rainsbury et al.[a] (1984)
Anti-HCG-β F(ab')$_2$	^{131}I	Planar/ SPECT	4/5	? (prospektiv)	Chatal et al.[a] (1987)
B72.3	^{131}I	Planar	21/27	78 (prospektiv)	Lastoria et al.[a] (1988)
OC 125 F(ab')$_2$	^{111}In	Planar/ SPECT	59/71	83 (prospektiv)	European Study Group[a] (1989)
OC 125 F(ab')$_2$	^{131}I	SPECT	?/52	94–100 (je nach Lokalisation (retrospektiv)	Leinsinger et al. (1989)

Tabelle 11.3 (Fortsetzung)

OC 125 F(ab')$_2$	^{131}I	Planar/ SPECT	35/39	89 (retrospektiv)	Pink et al. (1990)
OC 125 F(ab')$_2$	^{111}In	Planar/ SPECT	12/20 13/17	60 76 (retrospektiv)	Peltier et al. (1989)
		Planar/ SPECT	7/13 7/13	54 54 (prospektiv)	
MOv18	^{131}I	Planar	29/35	83 (retrospektiv)	Crippa et al. (1989)
			5/10	50 (prospektiv)	
OV-TL3 F(ab')$_2$	^{111}In	Planar/ SPECT	17/18	94 (retrospektiv)	Massuger et al. (1990)
HMFG1 SM 3	^{99m}Tc	Planar/ SPECT	12/12	100 (retrospektiv	Granowska et al. (1990)

[a] Nach Baum et al. 1989c.

Tabelle 11.4. Diagnostische Effizienz der Immunszintigraphie mit ^{111}In-markierten OC 125 F(ab')$_2$ in einer europäischen Multizenterstudie. (Nach Baum et al. 1989a)

1. Retrospektive Studie (n = 28, 47 Malignomlokalisationen)

	Total	Becken	Abdomen	Andere
Sensitivität	75% (30/40)	80%	68%	–
Spezifität	(6/7)	3/4	3/3	–
Diagnostische Genauigkeit	76% (36/47)	80%	72%	–

2. Prospektive Studie (n = 59, 116 Malignomlokalisationen)

	Total	Becken	Abdomen	Andere
Sensitivität	83% (59/71)	91%	71%	3/3
Spezifität	93% (42/45)	95%	91%	
Diagnostische Genauigkeit	87% (101/116)	92%	80%	3/3

kierter MAK mit nachfolgender intraoperativer Immunszintimetrie geeignet sein, mit der sich die Frankfurter Arbeitsgruppe beschäftigt (Baum et al. 1989c). Die Frage, ob diese Verfahren zu einer Änderung der therapeutischen Strategie und damit möglicherweise zu einer Verlängerung der Überlebenszeit beitragen, müssen prospektive Studien beantworten. Erwähnenswert ist, daß die intraoperative Radioimmundetektion nicht nur anläßlich primärer, sondern bisher ungleich häufiger während Second-look-Operationen genutzt wurde.

Die Hauptindikation zur IS ist beim Ovarialkarzinom in Beziehung zu der Second-look-Operation zu sehen. Als generell akzeptierte Indikation gilt der frühzeitige Rezidivnachweis nach potentiell kurativer Operation und

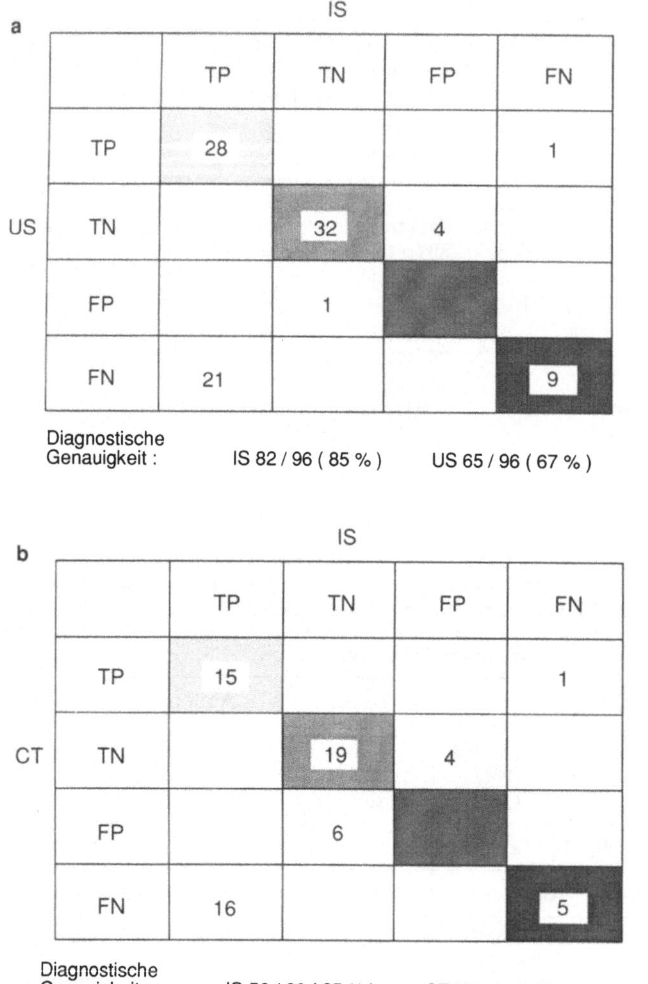

a

US \ IS	TP	TN	FP	FN
TP	28			1
TN		32	4	
FP		1		
FN	21			9

Diagnostische Genauigkeit: IS 82 / 96 (85 %) US 65 / 96 (67 %)

b

CT \ IS	TP	TN	FP	FN
TP	15			1
TN		19	4	
FP		6		
FN	16			5

Diagnostische Genauigkeit: IS 56 / 66 (85 %) CT 39 / 66 (59 %)

Abb. 11.2a–c. Vergleich der diagnostischen Effizienz zwischen Immunszintigraphie mit ^{111}In-markierten OC 125 $F(ab')_2$, Sonographie und Computertomographie. Ergebnisse einer prospektiven Europäischen Multizenterstudie. **a** Immunszintigraphie *(IS)* vs. Sonographie *(US)*, **b** Immunszintigraphie vs. Computertomographie *(CT)*, **c** Immunszintigraphie vs. Computertomographie und Ultraschall. *TP* richtig positiv, *TN* richtig negativ, *FP* falsch positiv, *FN* falsch negativ. (Nach Baum et al. 1989a)

anschließender Polychemotherapie (Abb. 11.5–11.7). In der Regel veranlassen ansteigende CA 125-Serumkonzentrationen unter bzw. nach Chemotherapie die weiterführende Diagnostik; eine positive IS kann dann Anlaß für den nochmaligen Versuch einer totalen Malignomresektion, zumindest einer operativen Tumorreduktion sein. Allerdings werden in (nahezu) allen vergleichenden klinischen Studien einzelne richtig positive IS-Befunde mit

c

CT + US \ IS	TP	TN	FP	FN
TP	13			
TN		16	3	
FP		1		
FN	11			5

Diagnostische Genauigkeit : IS 41 / 49 (83 %) US +CT 32 / 49 (65 %)

Abb. 11.2c

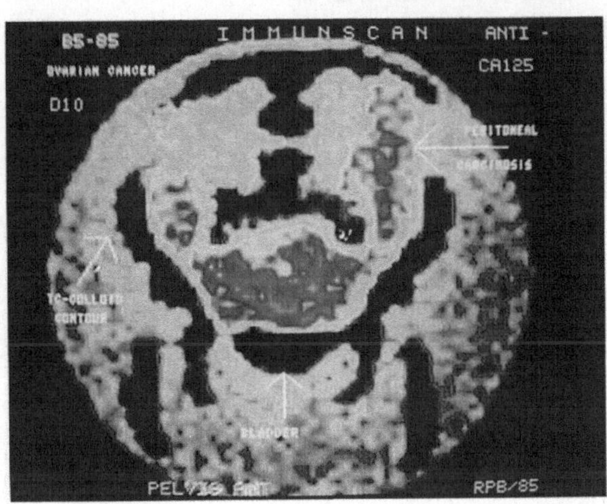

Abb. 11.3. Ovarialkarzinom Stadium FIGO IV, ausgedehnte Peritonealkarzinose und Aszites. Immunszintigramm 10 Tage nach i.v. Injektion von ^{131}I OC 125 F(ab′)$_2$. Intensive diffuse abdominelle und pelvine Anreicherung. Isokonturtechnik und Subtraktion (2. Tracer ^{99m}Tc-Nanocoll) zur besseren Lokalisation

markierten OC 125 F(ab′)$_2$ trotz normaler CA 125-Serumwerte (<35 U/ml) berichtet, wobei die IS in diesen Fällen meist wegen suspekter klinischer, sonographischer bzw. CT-Befunde durchgeführt wurde.

Hinsichtlich der Abfolge der weiterführenden Diagnostik bei steigenden CA 125-Serumkonzentrationen bestehen differente Auffassungen: Die gegenüber Sonographie und CT reichlich 20% höhere Effizienz der Untersu-

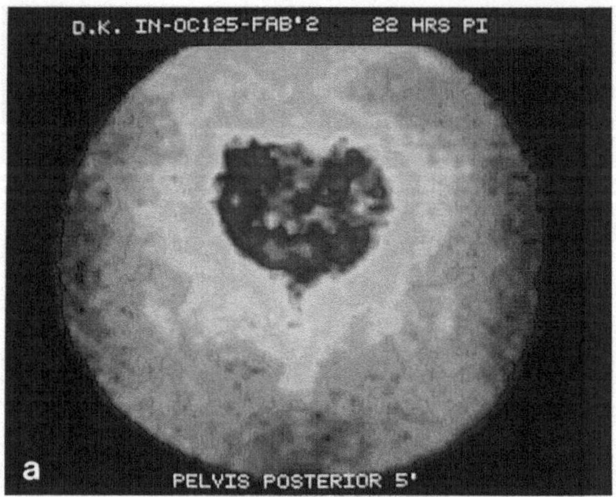

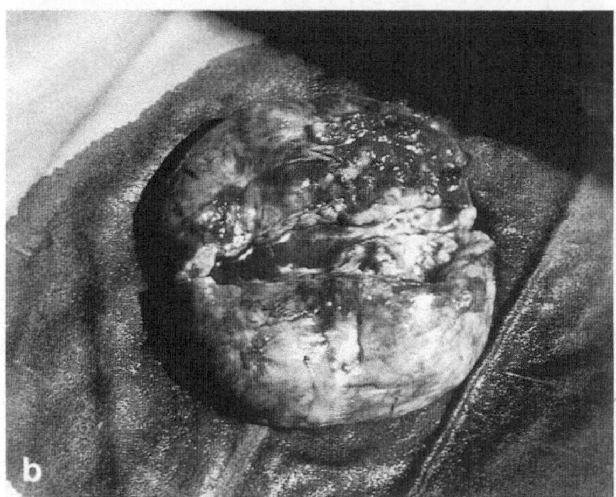

Abb. 11.4a, b. Serös-papilläres Ovarialkarzinom. Großer, zystischer Unterbauchtumor ohne eindeutige Organzuordnung im Sonogramm. **a** Präoperatives Immunszintigramm 22 h nach i.v. Applikation von ^{111}In OC 125 F(ab')$_2$: intensive ringförmige Anreicherung mit zentraler „cold lesion" (anteriore Beckenaufnahme). **b** Operationspräparat: etwa 12 cm großer, zystischer Tumor, Histologie s. oben, immunhistochemisch CA 125-positiv, Tumor/Non-tumor-Quotient ca. 20

chung mit ^{111}In-OC 125 F(ab')$_2$ in der Differentialdiagnose von Rezidiven epithelialer Ovarialkarzinome führte im Ergebnis der erwähnten europäischen Multizenterstudie (s. Abb. 11.2) zur Empfehlung, die IS als erstes der bildgebenden Verfahren einzusetzen. Andere Autoren möchten sie wegen des Aufwands und der Strahlenbelastung an das Ende einer langen, Sonographie, CT, MRT sowie Feinnadelpunktion einschließenden Untersuchungskette stellen – dann erbringt die IS allerdings in weniger als 10% der Fälle einen echten, das therapeutische Vorgehen beeinflussenden Zugewinn an

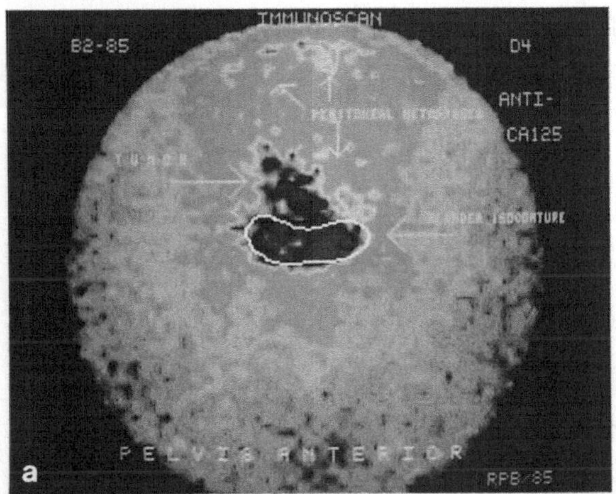

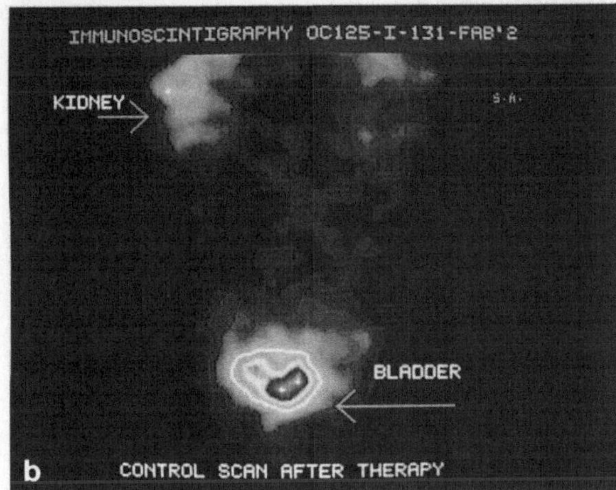

Abb. 11.5a, b. Seröses Ovarialkarzinom, Rezidiv nach Primäroperation. CA 125 im Serum deutlich erhöht, Sonographie o.B., im CT fraglicher Befund im Becken. **a** Immunszintigraphisch (^{131}I OC 125 F(ab')$_2$ 4 Tage p.i.) Beckenrezidiv und Peritonealkarzinose, durch Second-look-Operation bestätigt. **b** Dieselbe Patientin, Kontrolle nach erfolgreicher Chemotherapie; Immunszintigramm o.B.

diagnostischer Information (Büll 1990). Ein systematischer Vergleich von (später operativ gesicherten) MRT- und IS-Befunden (^{131}I-OC 125) zeigte eine höhere Detailtreue der MRT bei kleinen Läsionen, während die IS Fernmetastasen besser erkennen ließ (Perkins et al. 1990). Den für klinische Belange höchsten Stellenwert scheint die IS zu haben, wenn sie bei Verdacht auf Rezidiv eines epithelialen Ovarialkarzinoms aufgrund ansteigender CA 125-Serumkonzentrationen bei negativen bzw. fraglichen sonographischen und computertomographischen Befunden in einem Stadium eingesetzt wird, in dem die chirurgische Behandlung noch effektiv sein kann.

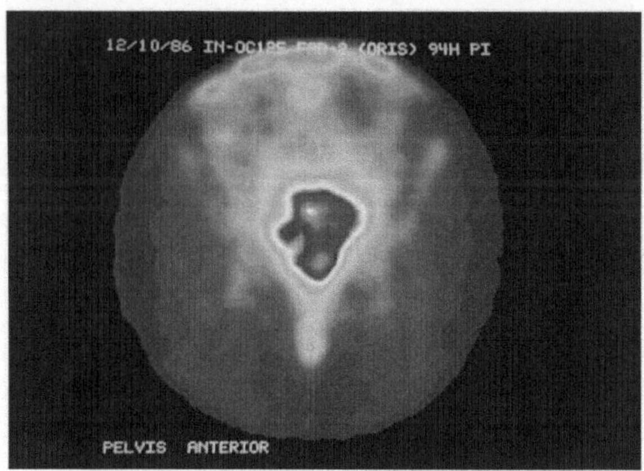

Abb. 11.6. Immunszintigramm *(IS)* mit ^{111}In OC 125 F(ab′)$_2$ bei Verdacht auf Ovarialkarzinomrezidiv aufgrund erhöhter CA 125-Serumkonzentrationen (Sonographie und CT ohne pathologischen Befund!). Eindeutiges pelvines Rezidiv im IS, operativ bestätigt

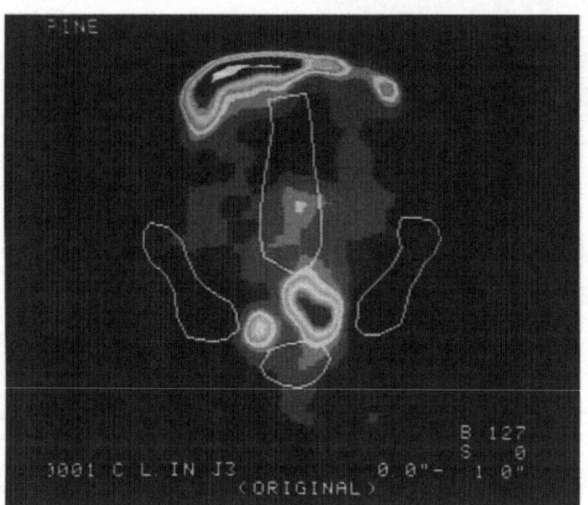

Abb. 11.7. Ähnlicher Fall eines Ovarialkarzinomrezidivs wie in Abb. 11.6, aber in SPECT-Darstellung der ^{111}In OC 125 F(ab′)$_2$-Anreicherung. (Foto von Chatal, Nantes)

Ob die IS eine Alternative zur systematischen Second-look-Operation sein könnte, wird teils kompromißlos verneint (Chatal et al. 1990), teils für spezielle klinische Situationen diskutiert: Sowohl Patientinnen ohne klinischen oder Tumormarkerhinweis auf eine Persistenz des Tumorleidens (Baum et al. 1989c) als auch solchen mit erhöhten CA 125-Spiegeln könnte bei immunszintigraphischem Rezidiv- bzw. Fernmetastasennachweis evtl.

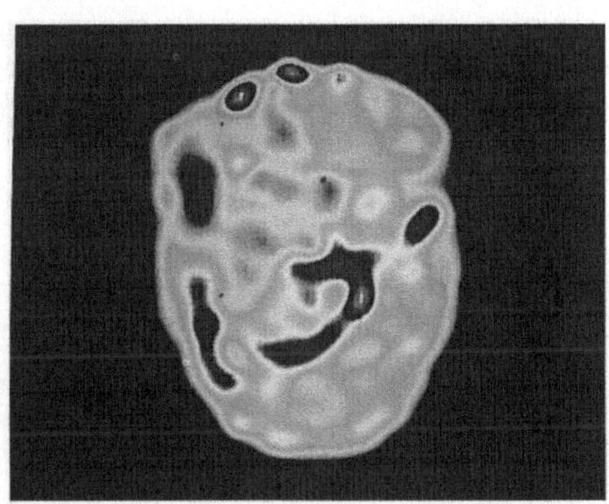

Abb. 11.8. Immunszintigramm mit ^{111}In OC 125 F(ab')$_2$ nach intraperitonealer Injektion: Peritonealkarzinose

eine Second-look-Operation zur Diagnosesicherung erspart werden (Granoska u. Britton 1989), wenn ausschließlich konservative Therapie (Polychemotherapie) bzw. chirurgische Eingriffe erst nach erfolgreicher Second-line-Therapie (Pateisky 1988) in Frage kommen. Leinsinger et al. (1990) erwarten, daß zukünftig die diagnostische Second-look-Operation nur in wenigen Fällen erforderlich sein wird, um eine komplette Remission zu bekräftigen.

Es soll nicht unerwähnt bleiben, daß die Ergebnisse der IS bei Patientinnen mit Ovarialkarzinom nicht zuletzt von der Erfahrung in der Befundinterpretation abhängen (neben dem genutzten MAK sowie Markierungsnuklid, der verfügbaren planaren bzw. SPECT-Technik etc.). Die höchste Treffsicherheit (z.T. über 90%) wird meist bei der Beurteilung des Beckens erzielt (Fehlerquelle: Harnblasenaktivität, besonders bei ^{131}I-markierten (MAK), die geringste bezüglich abdomineller Befunde (Überlagerung hepatischer sowie perihepatischer Metastasen durch hohe Leberakkumulation v.a. ^{111}In-markierter MAK, Nieren- bzw. Milzspeicherung als weitere Fehlerquellen, die durch SPECT reduziert werden können). Auf den Informationsgewinn durch Kinetikanalysen anhand von Serienaufnahmen (Granowska et al. 1988) sei nochmals hingewiesen.

Mehr als die Hälfte der Ovarialkarzinommetastasen im Peritoneum sind subserös lokalisiert und gelangen am besten nach i.v. Injektion des markierten MAK zur Darstellung. Lediglich in Tumorzellverbänden im Aszites sowie in oberflächlich im Peritoneum implantierten kleinen Metastasen ist die Aktivitätsanreicherung nach intraperitonaler Applikation (Abb. 11.8) größer als nach i.v. Injektion. In diesen Fällen kann eine intraperitonale RIT erfolgreich sein (s. 11.3).

11.2.2 Mammakarzinom und andere gynäkologische Tumoren

Größere systematische Studien, die einen eindeutigen Vorteil der IS in der Verlaufskontrolle nach Mammakarzinomoperation belegen, fehlen bisher. Unter den verfügbaren MAK (s. Tabelle 11.1) scheint der für die immunszin-

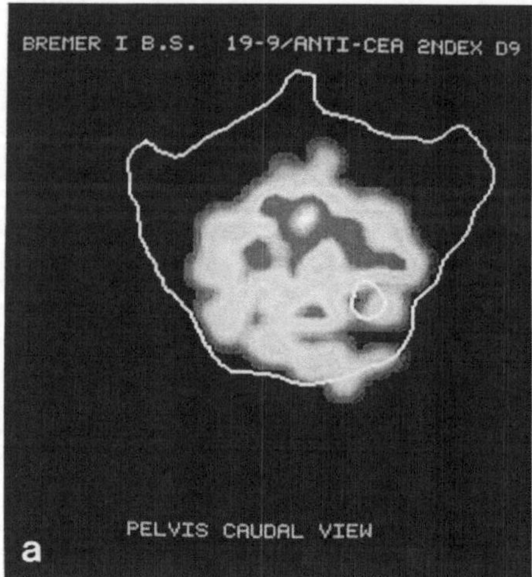

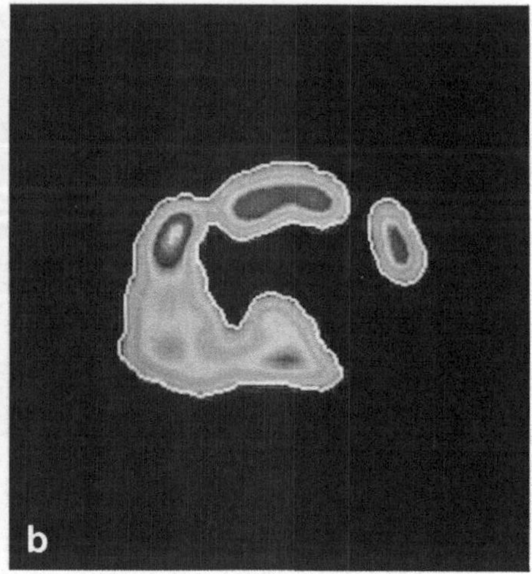

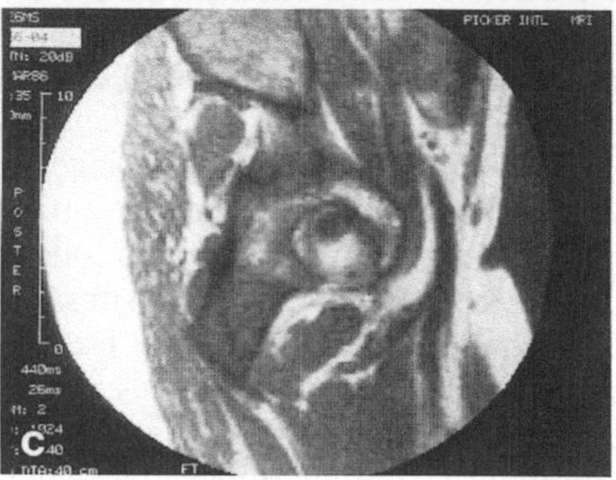

Abb. 11.9a–c. Mammakarzinompatientin mehrere Jahre nach Primärtumoroperation sowie Chemotherapie mit jetzt ansteigenden CEA-Serumwerten. Alle bildgebenden Verfahren einschließlich Skelettszintigraphie bisher normal. **a** Immunszintigramm 9 Tage nach i.v. Injektion von ^{131}I-anti-CEA-Fragmenten: deutliche umschriebene Antikörperanreicherung (koronale Beckensicht); **b** Knochenmarkszintigramm mit ^{99m}Tc-Nanocoll: Speicherdefekt in dieser Region; **c** MRT bestätigt Knochenmetastasen

tigraphische Diagnostik des Mammakarzinoms „ideale" Antikörper noch zu fehlen. In Pilotstudien werden nützliche IS-Beiträge zur Rezidiv- und besonders Metastasenlokalisation berichtet, z.B. nach i.v. Injektion von radionuklidmarkierten HMFG1 bzw. HMFG2 (Epenetos et al. 1982), OC 125 $F(ab')_2$ (Baum et al. 1988) oder verschiedenen Anti-CEA-MAK (Baum et al. 1989e; Bares et al. 1990).

Offensichtlich ist die IS beim Mammakarzinom in der Beantwortung spezieller, gezielt formulierter klinischer Fragestellungen hilfreich, z.B. zum Ausschluß extrahepatischer Absiedlungen vor geplanter regionaler Chemotherapie von Leberfiliae oder zur Metastasensuche bei Tumormarkeranstieg und unauffälliger konventioneller Diagnostik, weiterhin zur Therapiekontrolle immunszintigraphisch positiver Befunde (Abb. 11.9–11.11).

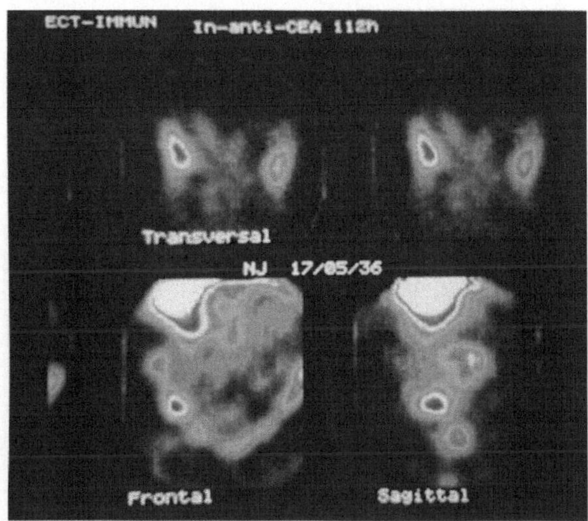

Abb. 11.10. Mammakarzinompatientin mit CEA-Anstieg im Serum bei unauffälliger konventioneller Diagnostik. Immunszintigraphisch (^{111}In-anti-CEA-Fragmente) Knochenmetastase im rechten Os ilium

Ähnliches gilt nach ersten klinischen Erfahrungen für weitere gynäkologische Karzinome, z.B. für die IS beim Zervixkarzinom (Abb. 11.12) und bei therapieresistenten bzw. rezidivierenden, AFP- oder HCG-produzierenden Keimzelltumoren (Hitchins et al. 1989).

11.3 Klinische Erfahrungen mit der Radioimmuntherapie

Während vielversprechende radioimmuntherapeutische Ansätze bei hämatologischen Malignomen (T- und B-Zell-Lymphomen) mitgeteilt wurden, scheinen Erfolge bei soliden Tumoren bislang sehr begrenzt zu sein. Unseres Wissens konnten nach intravenöser Applikation radioaktiv markierter MAK noch keine zuverlässigen therapeutischen Effekte bei Patientinnen mit gynäkologischen Karzinomen beobachtet werden; i.v. ^{131}I-MAK-Gaben bei anderen Karzinomen erbrachten wenig ermutigende klinische Ergebnisse, z.B. unter 5 Therapieversuchen der Frankfurter Arbeitsgruppe nach maximalen Tumordosen zwischen 10 und 32 Gy 2mal eine kurzfristige partielle Remission sowie maximal 6monatige posttherapeutische Überlebenszeiten (Baum et al. 1987; Hör u. Baum 1987).

Der Arbeitsgruppe am Hammersmith Hospital in London kommt das Verdienst zu, zuerst die Vorzüge einer intrakavitären RIT hervorgehoben zu haben: ^{131}I-HMFG2-MAK wurden Patientinnen mit Ovarialkarzinom intraperitonal (in anderen Fällen tumorbedingter Ergüsse intrapleural bzw. intraperikardial) appliziert und Tumordosen zwischen 50–70 Gy erzielt. Organ-

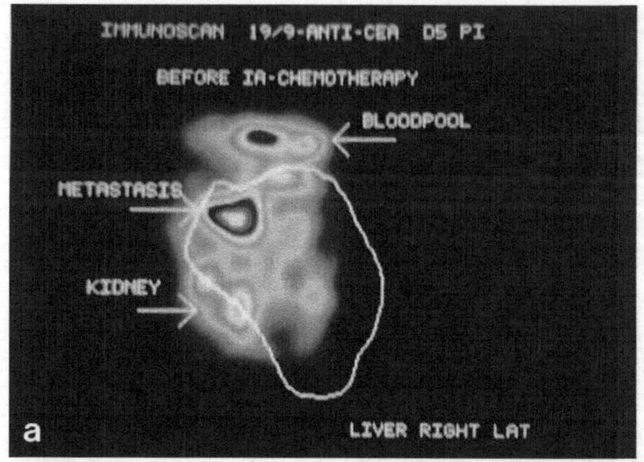

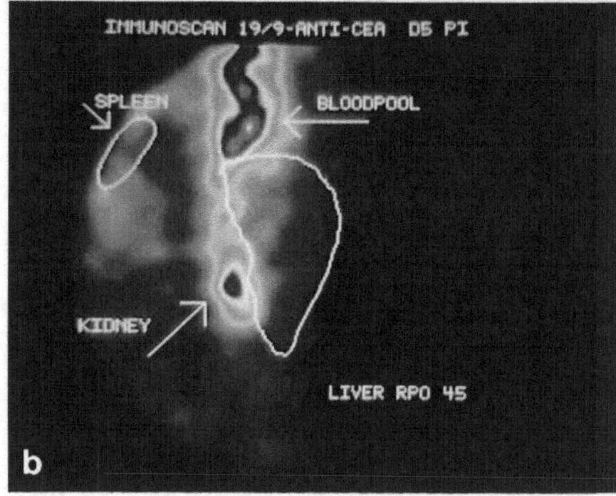

Abb. 11.11a, b. Lebermetastasen eines Mammakarzinoms. **a** Immunszintigraphischer Metastasenbefund (^{111}In-anti-CEA-Fragmente) vor der Chemotherapie. **b** Nach regionaler Chemotherapie Befundnormalisierung, die Patientin lebt seit 3 Jahren beschwerdefrei

belastungen von 0,2–2 Gy sowie Ganzkörperbelastungen von 0,1–0,25 Gy blieben ohne Nebenwirkungen (Epenetos 1984). In einer angeschlossenen Phase I/II-Studie wurden 34 Patientinnen mit Ovarialkarzinomresiduen nach Chemotherapie mit ^{131}I-markierten MAK gegen PLAP und andere Tumorantigene behandelt – ohne jegliche Rückbildung großer Tumoren bei teils verbesserter Lebensqualität (Verminderung des malignen Aszites), teils toxischen Effekten (Diarrhö, Leukozytopenie) nach Aktivitäten über 3,7 GBq. Die Behandlung war effektiver bei Knotendurchmessern unter 2 cm und fast immer erfolgreich (komplette Remissionen, die längste bisher mehr als 3 Jahre), wenn ausschließlich oberflächlich implantierte Mikrometastasen bzw. Malignomzellen im Aszites vorlagen (Sivolapenko u. Epenetos 1989).

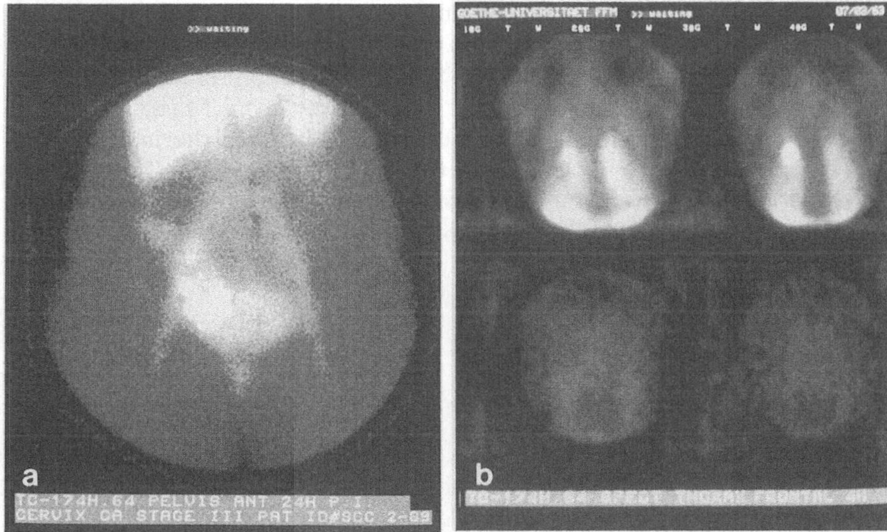

Abb. 11.12a, b. Rechtsseitiges Zervixkarzinom, das die Harnblase infiltriert. **a** Planares Immunszintigramm des Beckens 24 h nach i.v. Injektion eines ^{99m}Tc-markierten Antikörpers gegen ein Plattenepithelkarzinomantigen. Abbildung einer iliakalen Lymphknotenmetastase rechts neben dem Primärtumor. **b** Thorax-ECT derselben Patientin, frontale Schnittbilder: intensiver Fokus mediastinal rechts. Röntgen-CT bis 4 Monate später als o.B. befundet, dann Bestätigung des Immunszintigramms

Crowther et al. (1989) stellen die Selektions- sowie Behandlungskriterien und Komplikationen (als schwerwiegendste ileokutane Fisteln und Peritonitis) der intraperitonealen RIT in den Mittelpunkt ihrer Betrachtungen und sind nach ^{131}I-HMFG2-Instillation bei 11 Patientinnen optimistisch bezüglich ihrer zukünftigen Bedeutung für die Aszitesbehandlung bzw. mikroskopisch kleiner intraperitonealer Ovarialkarzinomabsiedlungen. Anhand dosimetrischer Studien an 29 Patienten (darunter 13 mit Ovarialkarzinom) wurde auch nach intraperitonealer Injektion verschiedener mit ^{131}I markierter MAK ein erheblicher Abfall bzw. völliger Verlust der therapeutischen Effektivität durch HAMA beobachtet, wenn mehr als 2 RIT durchgeführt wurden (Riva et al. 1990).

Für die RIT größerer intraperitonealer Absiedlungen könnte ^{90}Y geeigneter als ^{131}I sein. Eine Pilotstudie nach i.p. Applikation von ^{90}Y-markierten OC 125 F(ab′)$_2$ an 5 Patientinnen zeigte eine gute Stabilität des markierten MAK in vivo und ein mittleres Aktivitätsverhältnis zwischen Ovarialkarzinomresiduen und Normalgewebe von 3–25 : 1 (Hnatowich et al. 1987). Die kalkulierten Strahlendosen – ca. 0,5 Gy/37 MBq im Tumor sowie etwa 0,08 Gy/37 MBq im Normalgewebe – lassen dennoch wenig Hoffnung auf überzeugende RIT-Erfolge aufkommen. Tatsächlich wurden i.p. instillierte therapeutische ^{90}Y-Aktivitäten (B 72.3 als markierter MAK) bis 185 MBq gut toleriert, während nach 370 MBq bei 2 von 3 Patientinnen eine signifikante Thrombozytopenie auftrat (Lamki et al. 1990). Auch mit ^{90}Y-MAK ist die i.p. RIT nur bei Mikrometastasen oder kleinen Tumorzellgranulationen sinnvoll; limitierender Faktor ist die Knochenmarkdepression.

Eine weitere Form der regionalen, beim Zustand nach Mammakarzinom im Falle immunszintigraphisch bewiesener MAK-Anreicherung (s. Abb. 11.11) möglichen RIT ist die intraarterielle Infusion von ^{131}I-anti-CEA-MAK, womit man vereinzelt Tumordosen über 40 Gy, aber selten meßbare Tumorregressionen erzielte. In Kombination mit anderen Behandlungen (intraarterielle Chemotherapie, partielle Hepatektomie) wurden Erfolge beschrieben (Bischof-Delaloye 1990).

11.4 Zukunftsperspektiven

Derzeit kann die gynäkologische Tumordiagnostik durch immunszintigraphische Verfahren ergänzt und bereichert werden; die regionale Therapie mit radioaktiven monoklonalen Antikörpern befindet sich noch in den Anfängen. Der endgültige Stellenwert muß durch prospektive klinische Untersuchungen geklärt werden. Experimentell und klinisch warten vielfältige Probleme auf ihre Lösung, von denen hier nur einige kurz geschildert werden sollen.

Auf das Ziel, die Anreicherung der markierten MAK im Tumorgewebe zu steigern und die Elimination der nicht im Tumor gebundenen Radioaktivität zu beschleunigen, wurde bereits unter 11.1 verwiesen, ebenso auf Lösungswege, wie die Identifizierung geeigneter (z.B. nicht zirkulierender, fest an die Zelloberfläche gebundener) Antigene, die Selektion von Antikörpern mit hoher Spezifität und Affinität (z.B. Fragmente mit geringer unspezifischer Bindung, die für eine adäquate Zeit im Gefäßkompartiment verbleiben) sowie die Suche nach neuen Markierungsnukliden und -techniken.

Eine grundsätzliche Verbesserung wird durch den Ersatz der bisher weitaus am meisten genutzten murinen MAK durch humane Antikörper angestrebt. Obgleich die Gewinnung humaner MAK über menschliche B-Lymphozyten ungleich schwieriger ist als die Herstellung muriner Antikörper, stimulieren die Vorzüge – keine HAMA-Reaktion, verminderte Kreuzreaktivität mit normalen Geweben, größere Interaktion mit den Effektorzellen, weniger allergische Reaktionen – intensive Forschungsarbeiten (Wong et al. 1989; Hanna et al. 1991). Schon weiter fortgeschritten ist die Technik der Produktion chimärer MAK, bei denen lediglich die antigenbindende Region noch murinen Ursprungs ist, das gesamte übrige MAK-Molekül aber vom Menschen stammt (Sun et al. 1987; Goldenberg 1989; Saga et al. 1990). Im Vergleich zu murinen MAK ist nach Applikation ^{131}I-markierter chimärer MAK die Immunantwort vermindert und die Zirkulationszeit verlängert (Meredith et al. 1990).

Ein weiterer Ansatz zur Erhöhung der Akkumulation markierter Antikörper im Tumor besteht in der Steigerung der Expression der tumorassoziierten Antigene, an die sich die MAK binden, z.B. durch Gabe von Interferon oder TNF (Greiner et al. 1987; Benveniste et al. 1989).

Sehr interessante Arbeiten zur Verminderung der nicht im tumorösen Gewebe gebundenen Aktivität betreffen Mehrphasenkonzepte. Die Antikörper werden hier erst in vivo – d.h. nachdem sie injiziert und an „ihre" Tumorzellen gebunden sind – markiert. Bei einem dieser Verfahren werden bispezifische MAK-Konjugate verwendet, deren eine Bindungsstelle gegen das tumorassoziierte Antigen, die zweite gegen einen Radionuklidkomplex (z.B. ein markiertes Hapten) gerichtet ist (Goodwin 1987). Zunächst wird das unmarkierte, „kalte" Konjugat injiziert und über einen bis mehrere Tage im Tumorgewebe angereichert. Danach erfolgt die Injektion des z.B. mit ^{111}In oder ^{90}Y markierten divalenten Komplexes, der sich sehr schnell an die verbliebenen freien Bindungsstellen heftet (Anderson et al. 1990; Le Doussal et al. 1990). Eine andere In-vivo-Markierungsmethode nutzt die sehr hohe Bindungsaffinität von Streptavidin für Biotin aus (Hnatowich et al. 1987; Oehr et al. 1988). An tumortragenden Nachtmäusen hat man nach Gabe biotinylierter MAK und späterer Injektion markierten Streptavidins eine wesentlich günstigere Tumor/Normalgewebe-Verteilung im Vergleich zur üblichen Applikation markierter MAK gefunden. Mit einer solchen Zweischrittstrategie (biotinylierte MoV18, 3–5 Tage später ^{111}In-Streptavidin) wurde bereits mit 8 Ovarialkarzinompatientinnen eine Pilotstudie durchgeführt, die gegenüber der konventionellen Technik Vorzüge für die Malignomlokalisation und v.a. -behandlung erwarten läßt (Paganelli et al. 1990).

Zusammenfassend scheint eine vorschnelle Begeisterung über die Möglichkeiten der radioimmunologischen Tumordiagnostik und -therapie unangebracht zu sein. Ein Blick zurück auf den Innovationsschub in den letzten 10 Jahren und das Wissen um den derzeitigen Stand der Forschung rechtfertigen aber unseren Optimismus, daß die anstehenden Probleme grundsätzlich zu lösen sind.

Literatur

Anderson LD, Sullivan BW, Balasubramanian PN, Lollo CP, Frincke JM (1990) Synthesis and characterization of DB III, a novel DTPA derivative for bifunctional antibody mediated radioimaging and therapy. J Nucl Med 31:757

Bale WF, Spar IL, Goodland RL (1960) Experimental radiation therapy of tumor with I-131-carrying antibodies to fibrin. Cancer Res 20:1488–1495

Bares R, Fass J, Weiller G (1987) Planar vs. SPECT radioimmunoscintigraphy: clinical experience with Tc-99m, In-111 and I-131 labelled monoclonal antibodies against CEA and/or CA 19.9. Nucl Med 4:24–25

Bares R, Kiefer U, Fendel H, Büll U, Jung H (1990) Immunszintigrafie zur Metastasensuche beim Mamma-Karzinom: Erste klinische Ergebnisse. Nucl Med 19:A 19

Bast RC, Freeney M, Lazarus H, Nadler LM (1981) Reactivity of a monoclonal antibody with human ovarian carcinoma. J Clin Invest 68:1331–1337

Baum RP (1989) Experimentelle und klinische Untersuchungen zur Immunszintigraphie mit Jod-131, Indium-111 und Technetium-99m markierten monoklonalen Antikörpern bei gastrointestinalen und gynäkologischen Tumoren. Habilitations-Schrift, J. W. Goethe-Univ. Frankfurt/M.

Baum RP, Hör G (1988) Immunszintigraphie gynäkologischer Tumoren. In: Friedberg V, Thomsen K (Hrsg) Gynäkologie und Geburtshilfe, Bd III/2. Thieme, Stuttgart, S 48–55

Baum RP, Lorenz M, Senekowitsch R, Albrecht M, Hör G (1987) Klinische Ergebnisse der Immunszintigraphie und Radioimmuntherapie. Nuklearmedizin 26:68–78

Baum RP, Lorenz M, Hottenrott C et al. (1988) Radioimmunoscintigraphy using monoclonal antibodies to CEA, CA 19-9 and CA 125. Int J Biol Markers 3:177–184

Baum RP, Chatal J-F, Fumoleau P and the European Multicenter Study Group (1989a) Results of an European Multicenter Study of immunoscintigraphy with In-111 DTPA OC 125 $F(ab')_2$ in gynecologic tumors. In: Schmidt HAE, Buraggi BL (ed) Trends and possibilities in nuclear medicine. Schattauer, Stuttgart, S 679–682

Baum RP, Driever PH, Drahovsky D, Hör G (1989b) A rapid method for the determination of human CEA/mouse anti-CEA immune complexes in patients undergoing immunoscintigraphy. Eur J Nucl Med 15:321–325

Baum RP, Hertel A, Hör G (1989c) Immunszintigraphische Diagnostik in der Nachsorge gynäkologischer Karzinome. Gynäkologe 22:33–38

Baum RP, Hertel A, Lorenz M, Schwarz A, Encke A, Hör G (1989d) Tc-99m-labelled anti-CEA monoclonal antibody for tumor immunoscintigraphy: first clinical results. Nucl Med Common 10:345–352

Baum RP, Lorenz M, Hertel A, Baew-Christow T, Schwarz A, Hör G (1989e) Erfolgreiche immunszintigraphische Tumordetektion mit Technetium-99m-markierten monoklonalen Anti-CEA-Antikörpern. Onkologie 12:26–29

Beierwaltes WH (1956) Effects of some I-131 tagged antibodies in human melanoblastoma: preliminary report. U Mich Med Bull 20:284–286

Benveniste EN, Sparacio SM, Bethea JR (1989) Tumor necrosis factor-α enhances interferon-γ-mediated class II antigen expression on astrocytes. J Neuroimmunol 25:209

Bischof-Delaloye A, Delaloye B (1990) Radioimmunotherapy. In: Munz DL, Emrich D (eds) Immunoscintigraphy. Facts and fiction. Excerpta Medica, Amsterdam, pp 143–153

Britton KE, Granowska M (1990) Scintigraphic techniques. In: Munz DL, Emrich D (eds) Immunoscintigraphy. Facts and fiction. Excerpta Medica, Amsterdam, pp 47–58

Büll U (1990) Ergebnisse, Wertigkeit und Zukunftsaspekte der Immunszintigraphie in der Onkologie. Tagung „Onkologie 2000“, München

Chatal J-F, Peltier P, Fumoleau P (1990) Immunoscintigraphy of ovarian carcinomas. In: Munz DL, Emrich D (eds) Immunoscintigraphy. Facts and fiction. Excerpta Medica, Amsterdam, pp 89–94

Crippa F, Gasparini M, Seregni E et al. (1989) Immunoscintigraphy of ovarian cancer with two monoclonal antibodies: MOv 18 and OC 125 $F(ab')_2$. In: Schmidt HAE, Buraggi GL (eds) Trends and possibilities in nuclear medicine. Schattauer, Stuttgart, pp 547–550

Crowther ME, Ward BG, Granowska M, Mather S, Britton KE, Shepherd JH, Slevin ML (1989) Therapeutic considerations in the use of intraperitonal radiolabelled monoclonal antibodies in ovarian carcinoma. Nucl Med Comm 10:149–159

Epenetos AA (1984) Antibody-guided irradiation of malignant lesions: Three cases illustrating a new method of treatment. Lancet II:1441–1443

Epenetos AA, Mather S, Granowska M et al. (1982) Targeting of iodine-123-labelled tumour-associated monoclonal antibodies to ovarian, breast, and gastrointestinal tumours. Lancet II:999–1005

Feistel H, Jäger W, Paterok EM, Lang N, Wolf F (1989) „REGAI“ – Resection guided by antibodies (iodinized) – a new procedure following immunoscintigraphy to localize minor residues of ovarian cancer. In: Schmidt HAE, Buraggi GL (eds) Trends and possibilities in nuclear medicine. Schattauer, Stuttgart, pp 543–546

Goldenberg DM (1989) Future role of radiolabeled monoclonal antibodies in oncological diagnosis and therapy. Sem Nucl Med 19:332–339

Goldenberg DM, Deland F, Kim E et al. (1978) Use of radiolabelled antibodies to carcinoembryonic antigen for the detection and localization of diverse cancers by external photoscanning. Engl J Med 298:1384–1388

Goodwin DA (1987) Pharmacokinetic and antibodies. J Nucl Med 28:1358–1362
Granowska AM, Britton KE (1989) Detection of recurrences of ovarian cancer using ^{123}I-labeled HMFG 2 monoclonal antibody. In: Chatal J-F (ed) Monoclonal antibodies in immunoscintigraphy. CRC Press, Boca Raton/Fl, pp 211–219
Granowska M, Mather SJ, Britton KE, Jobling T, Shepherd J, Northover JMA (1990) Tc-99m, the radiolabel of choice for radioimmunoscintigraphy, RIS. Eur J Nucl Med 16:462
Granowska M, Nimmon CC, Britton KE, Crowther M, Mather SJ, Slevin ML, Shepherd JH (1988) Kinetic analysis and probability mapping applied to the detection of ovarian cancer by radioimmunoscintigraphy. J Nucl Med 29:599–607
Greiner JW, Guadagni F, Noguchi P, Pestka S, Colcher D, Fisher PB, Schlom J (1987) Recombinant interferon enhances monoclonal antibody-targeting of carcinoma lesions in vivo. Science 235:895–898
Hanna MG, Haspel MV, McCabe RP, Murray JH, Pomato N (1991) Development and application of human monoclonal antibodies. Antib Immunoconjug Radiopharm 4:67–75
Happ J, Baum RP, Frohn J et al. (1987) Immunszintigraphie mit ^{111}In-markierten monoklonalen Antikörpern: Vergleich zwischen ECT und planarer Szintigraphie. Nuklearmedizin 26:258–262
Hertel A, Baum RP, Herrmann A, Hör G (1989) Frequenz humaner Anti-Maus-Antikörper nach 156 Immunszintigraphien mit 6 verschiedenen monoklonalen Antikörpern. Nuklearmedizin 28:67–68
Hitchins RN, Begent RHJ, Green AJ, Searle F, Van Heynigen V, Bagshawne KD (1989) Clinical value of imaging using antibody to alphafetoprotein in germ cell tumors. Nuklearmedizin 28:29–33
Hnatowich DJ, Virzi F, Rusckowski M (1987) Investigations of avidin and biotin for imaging applications. J Nucl Med 28:1294–1302
Hör G, Baum RP (1987) Fortschritte der Immunszintigraphie und Probleme von Heilversuchen mit radioaktiv markierten monoklonalen Antikörpern (Frankfurter Erfahrungen). Nuklearmediziner 10:267–278
Humm JL, Cobb LM (1990) Nonuniformity of tumor dose in radioimmunotherapy. J Nucl Med 31:75–83
Köhler G, Milstein C (1975) Continuous cultures of fused cells secreting antibody of predefined specifity. Nature 256:495–497
Korngold L, Pressman D (1954) The localization of antilymphosarcoma antibodies in the Murphy lymphosarcoma of the rat. Cancer Res 14:96–99
Lamki LM, Kavanagh J, Rosenblum MG et al. (1990) Intraperitoneal radioimmunotherapy of ovarian cancer with ^{90}Yttrium-GYK-DTPA-B 72.3 antibody: tissue distribution, pharmacokinetics, toxicity, and Bremsstrahlung imaging. J Nucl Med 31:724
Le Doussal JM, Gruaz A, Gautherot E, Martin M, Delaage M, Barbet J (1990) Bispecific antibody conjugates and radiolabeled tracers for tumor imaging. J Nucl Med 31:757–758
Leinsinger G, Eiermann W, Meier W, Kragh P, Kirsch C-M (1989) Immunszintigraphie (IS) mit SPECT zum Nachweis von epithelialen Ovarialkarzinomen und deren Metastasen. Nuklearmedizin 28:60
Leinsinger G, Scheidler J, Eiermann W, Meier W, Kirsch CM (1990) Validation of immunscintigraphy using SPECT in epithelial ovarian cancer. In: Schmidt HAE, Chambron J (eds) Nuclear medicine: quantitative analysis in imaging and function. Schattauer, Stuttgart, pp 546–566
Mach JP, Carell S, Forni M, Ritschard J, Donath A, Alberto P (1989) Tumor localization of radiolabeled antibodies against carcinoembryonic antigen in patients with carcinoma. A critical evaluation. N Engl J Med 303:5
Major R, Wang T, Ishida M, Unger M, Rosenthall L (1989) Breast cancer imaging with mouse monoclonal antibodies. Eur J Nucl Med 15:655–660
Massuger L, Claessens R, Verheijen R et al. (1990) Immunoscintigraphy of ovarian carcinoma with the In-111-labeled monoclonal antibody fragment OV-TL3 $F(ab')_2$. In: Schmidt HAE, Chambron J (eds) Nuclear medicine: quantitative analysis in imaging and function. Schattauer, Stuttgart, pp 561–563

Meredith R, Khazaeli M, Plott E et al. (1990) Body distribution of two I-131-labeled chimeric monoclonal antibodies. J Nucl Med 31:850

Mojiminiyi SA, Shepstone BJ, Soper ND (1990) Human antimurine antibodies (HAMA) in vivo complex formation and the outcome of immunoscintigraphy. J Nucl Med 31:381–382

Molter M, Steinsträsser A (1987) Immunszintigraphie. Monoklonale Antikörper zur Tumordiagnose. Behring Diagnostika, Frankfurt/Main

Oehr P, Westermarnn J, Biersack HJ (1988) Streptavidin and biotin as potential tumor imaging agents. J Nucl Med 29:728–729

Order SE, Klein JL, Ettinger D, Anderson P, Siegelmann S, Leichner P (1980) Phase I–II study of radiolabeled antibody integrated in the treatment of primary hepatic malignancies. Int J Radiat Oncol Biol Phys 6:703–710

Paganelli G, Magnani P, Rossetti C et al. (1990) Tumor targeting in patients with ovarian cancer using biotinylated monoclonal antibodies and radioactive streptavidin. J Nucl Med 31:735

Pateisky N (1988) Die Radioimmunszintigraphie (RIS) in der Ovarialkarzinomdiagnostik: Methode, klinische Ergebnisse und praktische Bedeutung. Thieme, Stuttgart

Peltier P, Fumoleau P, Kremer M, Thedrez P, Chetanneau A, Chatal J-F (1989) Immunoscintigraphy of ovarian cancers using In-111-DTPA-OC 125 monoclonal antibody. In: Chatal J-F (ed) Monoclonal antibodies in immunoscintigraphy. CRC Press, Boca Raton/ Fl, pp 187–209

Perkins AC, Powell MC, Wastie ML, Scott IV, Hitchcock A, Worthington BS, Symonds EM (1990) A prospective evaluation of OC 125 and magnetic resonance imaging in patients with ovarian carcinoma. Eur J Nucl Med 16:311–316

Pink V, Johannsen B, Elling D et al. (1990) Erfahrungen mit der ^{131}I-OC 125 F(ab$'$)$_2$-Immunszintigraphie bei Patientinnen mit Ovarialkarzinom. Med Nucl 2:289–293

Reynolds JC, Carrasquillo JA, Keenan AM et al. (1986) Human anti-murine antibodies following immunoscintigraphy or therapy with radiolabeled monoclonal antibodies. J Nucl Med 87:1022–1023

Riva P, Lazarri S, Agostini M, Sarti G, Moscatelli G, Francesch G (1990) Intracavitary radioimmuntherapy trials in gastrointestinal and ovarian carcinomas: pharmacokinetic, biologic and dosimetric problems. In: Schmidt HAE, Chambron J (eds) Nuclear medicine: quantitative analysis in imaging and function. Schattauer, Stuttgart, pp 586–588

Roedler HD, Lechel U, Moser EA (1987) Strahlenexposition des Patienten bei der Radioimmunszintigraphie. Nuklearmediziner 10:289–292

Saga T, Endo K, Koizumi M et al. (1990) In vitro and in vivo properties of human/mouse chimeric monoclonal antibody specific for common acute lymphocytic leukemia antigen. J Nucl Med 31:1077–1083

Schwarz A, Steinsträsser A (1987) A novel approach to Tc-99m-labelled monoclonal antibodies. J Nucl Med 28:721

Senekowitsch R (1990) Biokinetics of monoclonal antibodies. In: Munz DL, Emrich D (eds) Immunoscintigraphy. Facts and fiction. Excerpta Medica, Amsterdam, pp 35–46

Senekowitsch R, Kriegel RH, Baum RP, Hör G (1988) Biokinetic studies and scintigraphic imaging of human carcinoma xenografts with radiolabeled monoclonal antibodies. In: Srivastava SC (ed) Radiolabeled monoclonal antibodies for imaging and therapy. NATO ASI Series, Plenum, New York, pp 323–341

Sivolapenko GB, Epenetos AA (1989) Antibody-guided localization of testicular and ovarian carcinomas using radiolabeled monoclonal antibodies to placental alkaline phosphatase (PLAP). In: Chatal J-F (ed) Monoclonal antibodies in immunoscintigraphy. CRC Press, Boca Raton/FL, pp 167–185

Sun LK, Curts P, Rakowicz-Szulczynska P, Ghrayep E, Chang JN, Morrison SL, Koprowski H (1987) Chimeric antibody with human constant regions and mouse variable regions directed against carcinoma-associated antigen 17-A. Proc Natl Acad Sci USA 84:214–218

Wolf W, Shani J (1986) Criteria for the selection of the most desirable radionuclide for radiolabelling monoclonal antibodies. Nucl Med Biol 13:319–324

Wong JH, Irie RF, Morton DL (1989) Human monoclonal antibodies: prospects for the therapy of cancer. Semin Surg Oncol 5:448–452

Sachverzeichnis